Najim Saad
Adwaa Mohammed

Caracterização do comportamento à fadiga de compósitos de matriz PEEK

Najim Saad
Adwaa Mohammed

Caracterização do comportamento à fadiga de compósitos de matriz PEEK

ScienciaScripts

Imprint
Any brand names and product names mentioned in this book are subject to trademark, brand or patent protection and are trademarks or registered trademarks of their respective holders. The use of brand names, product names, common names, trade names, product descriptions etc. even without a particular marking in this work is in no way to be construed to mean that such names may be regarded as unrestricted in respect of trademark and brand protection legislation and could thus be used by anyone.

Cover image: www.ingimage.com

This book is a translation from the original published under ISBN 978-3-659-85070-7.

Publisher:
Sciencia Scripts
is a trademark of
Dodo Books Indian Ocean Ltd. and OmniScriptum S.R.L publishing group

120 High Road, East Finchley, London, N2 9ED, United Kingdom
Str. Armeneasca 28/1, office 1, Chisinau MD-2012, Republic of Moldova, Europe
Printed at: see last page
ISBN: 978-620-0-27451-9

Lista de conteúdos

Prefácio

A fadiga é considerada um dos factores mais importantes que afectam a falha dos materiais de engenharia, especialmente os compósitos poliméricos de alto desempenho. Este livro centra-se num estudo de caso de materiais compósitos poliméricos de alto desempenho, que consistem numa matriz de polietileno éter éter cetona (PEEK) reforçada com dois tipos de fibras de engenharia (30% de fibras de vidro e fibras de carbono).Este estudo de caso centrou-se no comportamento à fadiga destes materiais compósitos preparados, bem como no estudo das propriedades mecânicas mais importantes relacionadas com o comportamento à fadiga, tais como a tenacidade, a durabilidade dos materiais, as propriedades da superfície do material e a estrutura dos materiais. O livro abrange a entrada nos materiais compósitos de alto desempenho e os estudos e investigações mais importantes relacionados, incluindo também os princípios teóricos dos materiais compósitos e os fundamentos da fadiga dos materiais e os factores mais importantes que os afectam. Inclui também modelos numéricos simulados utilizando a análise do sistema ANSYS e o estudo de factores importantes, tais como o tipo de fissuras, as propriedades do material e o tipo de carga. Além disso, o livro inclui um estudo de caso experimental para o comportamento à fadiga do polímero modificado e a influência das fibras reforçadas sobre ele e a verificação da eficácia do modelo teórico para este estudo. O quinto capítulo inclui a comparação e a análise dos resultados e a análise prática e a declaração dos factores de influência mais importantes e as conclusões mais importantes, sendo finalizado com o sexto capítulo que explica os outros tópicos relacionados com o comportamento à fadiga, como o grau de cristalização e a resistência dos materiais.

O livro é de grande importância para os estudantes dos departamentos de materiais e mecânica, de engenharia aplicada e para todos os engenheiros e interessados no estudo da fadiga dos materiais compósitos em engenharia de falhas.

Além disso, o livro é importante para os estudantes de pós-graduação nas áreas mencionadas, bem como o livro é de grande importância na conceção de materiais compósitos, indústrias e aplicações em aplicações relacionadas com os transportes e a indústria aeroespacial.

Autores

Dedicação

A todos os que se esforçaram na marcha da Internacional científica. Todos serviram a humanidade a partir desta tribuna

Autores

Resumo

Os danos por fadiga são um dos problemas mais comuns que afectam o fabrico de materiais de engenharia. Por conseguinte, os materiais compósitos são considerados uma boa escolha para melhorar o desempenho e a vida útil da estrutura. Neste trabalho foram utilizadas três folhas: poli éter éter cetona (PEEK) virgem, (PEEK+30% fibra de vidro (GF)), e (PEEK+30% fibra de carbono (CF)). Este estudo inclui duas partes: a primeira é a parte experimental que inclui o estudo das propriedades da estrutura, propriedades térmicas e propriedades mecânicas, especialmente o comportamento à fadiga do compósito PEEK e a segunda parte inclui a preparação de modelos numéricos para simular o ensaio de fadiga de materiais compósitos usando o Método dos Elementos Finitos (MEF) através do ANSYS versão 14.0.

Os ensaios estruturais incluem a espetrometria de infravermelhos com transformada de Fourier (FTIR), a difração de raios X (XRD) e o microscópio eletrónico de varrimento (SEM). Os resultados do FTIR e do XRD mostram claramente que a adição de 30% de fibra de vidro e de carbono provoca uma reação física sem o aparecimento de novos picos, enquanto o ensaio SEM é utilizado para mostrar as fissuras na superfície do material e o modo como estas fissuras afectam a vida à fadiga, bem como para mostrar a região de fratura do momento de flexão máximo e mínimo do ensaio de fadiga após a falha.

A temperatura de transição vítrea (T_g), a temperatura de fusão (T_m) e a temperatura de cristalização (T_c) são determinadas utilizando a técnica do calorímetro diferencial de varrimento (DSC). Os resultados mostram que a adição de 30% de GF produz uma mudança na T_m, Tg e T_c, com diminuição do nível cristalino, enquanto que a adição de 30% de CF aumenta o nível cristalino, com ausência de Tg, o que indica o importante papel desempenhado pelo CF na manutenção da estabilidade da matriz do material sem transformação na fase. Também são testadas a densidade, as propriedades de tração, a resistência ao impacto, a dureza e a propriedade de fadiga. Os resultados mostram que os valores de densidade e dureza do PEEK aumentam com a adição de fibras de carbono e de vidro. As propriedades de tração, impacto e fadiga do PEEK aumentam com a adição de CF devido ao aumento do nível cristalino, mas diminuem com a adição de GF devido à diminuição do nível cristalino do PEEK virgem, enquanto a dureza aumenta com o compósito de carbono e fibra de vidro.

O programa ANSYS14.0 é utilizado para modelar os materiais compósitos de PEEK como uma matriz reforçada com 30% de GF e CF utilizando o MEF. Além disso, o efeito do entalhe e da temperatura elevada nas propriedades de fadiga e nas teorias de fadiga são estudados numericamente. Os resultados mostram que o entalhe diminui a resistência à fadiga, onde a tensão máxima diminui de (78 MPa para 30 MPa). Os resultados mostram uma boa concordância entre os resultados experimentais e teóricos, sendo o erro percentual inferior a 11%.

Lista de símbolos

Symbol	*Description*	*Unit*
A	Absorbance	%
A	Cross- Sectional Area of Specimen	mm^2
A and b	Fitting Constants Depend on Material or Curve Fitting Parameters	_
b	Width of the Specimen	mm
E	Modulus of Elasticity or Young's Modulus	GPa
F	Force	N
G_c	Impact Strength of Material	J/m^2
H	Hardness	--
I	Moment of Inertia	mm^4
I	The Intensity of A Beam After Passing Through Sample	%
K	Global Characteristic Matrix	–
K_c	Fracture Toughness of Material	$MPa.m^{1/2}$
k_f	Strength Reduction Factor	_
k_t	The Geometric Elastic Stress Concentration	_
l	Length of the specimen	mm
M	Bending Moment	N.mm
n	Lattice Plane	_
N	Number of Cycles to Failure Due To Fatigue Loading	Cycle
n	Number of Specimen in Each Curve	--

P	Applied Load	N
R	Stress Ratio	--
r	Notch Root Radius	mm
S, S_a	Applied Alternating Stress Amplitude Due to Fatigue Loading	MPa
S_e	Endurance Fatigue Limit	MPa
S_{ult}	Static Ultimate Tensile Strength	MPa
S_y	Tensile Yield Stress.	MPa
t	Thickness of the Specimen	mm
T	Transmittance	%
T_c	Crystallization Temperature	°C
T_g	Glass Transition Temperature	°C
T_m	Melting Temperature of Polymer	°C
U_c	Impact Energy	J
Wa	Weight of Object at Air.	g
Wf	Weight of the Object at fluid.	g
X	Global Field Variable Vector	_
y	Position of Neutral Axis	mm

Lista de abreviaturas

Symbol	***Description***
ASTM	American Society for Testing and Materials Specifications
CF	Carbon Fiber
CFRP	Carbon-Fiber Reinforced Polymer
CMC	Ceramic Matrix Composite
DBTT	Ductile to Brittle Transition Temperature
DSC	Differential Scanning Calorimetry
E	Electrical
EDS	Energy Dispersive X-Ray Spectroscopy
FCP	Fatigue Crack Propagation
FEA	Finite-Element Analysis
FEM	Finite-Element Method
FRP	Fiber Reinforced Polymer
GF	Glass Fiber
GFRP	Glass Fiber Reinforced Plastic
HA	Hydroxyapatite
HPLC	High Performance Liquid Chromatography
MA-PP	Polypropylene Modified with Maleic Anhydride
MMC	Metal Matrix Composite
OMCs	Organic Matrix Composites
PEEK	Poly Ether Ether Ketone
PEI	Poly Etherimide
PES	Polyether Sulphone
PMC	Polymer Matrix Composite
PP	Polypropylene

PPS	Poly Phenylene Sulfide
S	Strength
SEM	Scanning Electron Microscope
S-N	Stress-No. of Cycles
VF	Volume Fraction
XRD	X-Ray Diffraction

Capítulo I

Introdução e revisão da literatura

1.1 Introdução geral:

Os materiais compósitos são materiais feitos de dois ou mais materiais constituintes com propriedades físicas ou químicas significativamente diferentes que, quando combinados, produzem um material com caraterísticas diferentes das dos componentes individuais. Os componentes individuais permanecem separados e distintos na estrutura acabada. O novo material pode ser preferido por muitas razões: exemplos comuns incluem materiais que são mais fortes, mais leves ou menos dispendiosos quando comparados com os materiais tradicionais [1].

A utilização de materiais compósitos avançados reforçados com fibras tem aumentado significativamente nos últimos anos. A elevada resistência e rigidez específicas fazem dos compósitos materiais candidatos para muitas aplicações aeroespaciais e espaciais. No entanto, os compósitos reforçados com fibras que utilizam resinas de matriz termoendurecível, como os epóxis, têm baixa tolerância aos danos e baixas temperaturas de serviço quando comparados com os materiais aeroespaciais mais tradicionais. Para ultrapassar estas deficiências, existe um grande interesse na utilização de resinas termoplásticas como materiais de matriz para compósitos reforçados com fibras. As resinas termoplásticas são geralmente materiais de elevada tenacidade e, consequentemente, podem melhorar a tolerância ao dano dos compósitos [2].

Os materiais compósitos de polímero reforçado com fibras (FRP) apresentam um grande potencial de integração na infraestrutura rodoviária. Normalmente, estes materiais têm uma vida longa e útil, são leves e fáceis de construir, proporcionando excelentes caraterísticas de resistência em relação ao peso. Os tabuleiros compósitos de FRP podem ser utilizados para prolongar a vida útil das pontes com sistema de vigas porque o seu baixo peso permite um aumento da capacidade de carga viva [3].

Os materiais compósitos são amplamente utilizados em estruturas automóveis, navais e aeroespaciais, onde são frequentemente sujeitos a cargas cíclicas de fadiga. O desenvolvimento de microestruturas para materiais compósitos avançados de elevado desempenho tem-se centrado principalmente na obtenção de módulos e resistências elevados. No entanto, para além da elevada resistência, estes materiais devem também ser capazes de absorver energia e resistir a cargas de fadiga cíclica [4].

A fadiga é um dos modos de falha mais comuns em todos os materiais estruturais, incluindo os materiais compósitos. A falha por fadiga pode ser descrita como uma sequência de duas fases:

- formação de fissuras.
- propagação de fissuras.

Os estudos de fadiga requerem geralmente vários dias (por vezes semanas) de ciclos de carga para obter um dano apreciável. Os ensaios apresentam resultados não homogéneos, pelo que é necessário efetuar muitas repetições para obter uma estimativa mais precisa da vida à fadiga [5].

O comportamento dos materiais compósitos sujeitos a cargas de fadiga é muito complexo devido a propriedades não homogéneas e anisotrópicas, e tem sido estudado há muito tempo; no entanto, o projeto de materiais compósitos ainda se baseia em ensaios de fadiga muito longos e são utilizados factores de segurança elevados [6].

A fadiga é um dos problemas mais complicados para os compósitos de fibra, e o mecanismo de falha ainda não é bem compreendido. É necessário efetuar testes dispendiosos para compreender o mecanismo. Se todas as condições tiverem de ser investigadas, isto resulta em muitas experiências diferentes que envolvem muitas variáveis. O problema é agravado pela proliferação de novos materiais que requerem avaliação e pelas aplicações cada vez mais exigentes para estes materiais. Uma situação ideal é que o projetista seja capaz de avaliar, com razoável confiança, a resposta à fadiga de um material recentemente desenvolvido ou de um material existente em condições para as quais os resultados dos ensaios ainda não estão disponíveis e a partir de uma base de dados relativamente pequena de resultados de ensaios de fadiga, de modo a permitir que o projetista faça previsões preliminares das vidas prováveis à fadiga do material compósito [7].

1.2 Compósitos na indústria aeronáutica:

As vantagens dos compósitos de elevado desempenho são muitas, incluindo um peso mais leve, a capacidade de adaptar as camadas para obter uma resistência e rigidez óptimas, uma vida útil melhorada à fadiga, resistência à corrosão e, com boas práticas de conceção, custos de montagem reduzidos devido a um menor número de peças de pormenor e de fixadores. A resistência específica e o módulo específico dos compósitos de fibras de elevada resistência, especialmente as fibras de carbono, são superiores aos de outras ligas metálicas comparáveis do sector aeroespacial. Isto traduz-se numa maior redução do peso, o que resulta num melhor desempenho, maior carga útil, maior autonomia e poupança de combustível [8].

O exército dos Estados Unidos foi um dos primeiros a desenvolver e a adaptar materiais compósitos. O avião AV-8B tinha uma estrutura com 27% de materiais compósitos no início da década de 1980. A primeira utilização em grande escala de materiais compósitos em aviões comerciais ocorreu em 1985, quando o Airbus A320 voou pela primeira vez com estabilizadores horizontais e verticais em materiais compósitos. A Airbus aplicou compósitos em até 15% do peso total da estrutura das suas famílias de aeronaves A320, A330 e A340. Por exemplo, o estabilizador horizontal do Boeing 777 tem aproximadamente a mesma área de superfície que uma asa de Boeing 737. O bombardeiro B-2 **Fig.1.1** tem as maiores peças em materiais compósitos fabricadas até à data e é a prova de que pelo menos alguns dos problemas relacionados com o fabrico de grandes estruturas comerciais foram resolvidos. Os laminadores de canal e as máquinas de colocação de fitas de grandes dimensões, capazes de fabricar peles de uma só peça com mais de 65 pés de comprimento, demonstraram o fabrico automatizado de peças compósitas num ambiente de fábrica de grandes dimensões [8].

No entanto, para que este tipo de estrutura se torne realidade no mundo das aeronaves comerciais, o custo da estrutura em materiais compósitos tem ainda de ser reduzido através de tecnologias inovadoras de conceção e fabrico. O custo dos materiais compósitos é o principal impedimento à sua aplicação mais alargada [8].

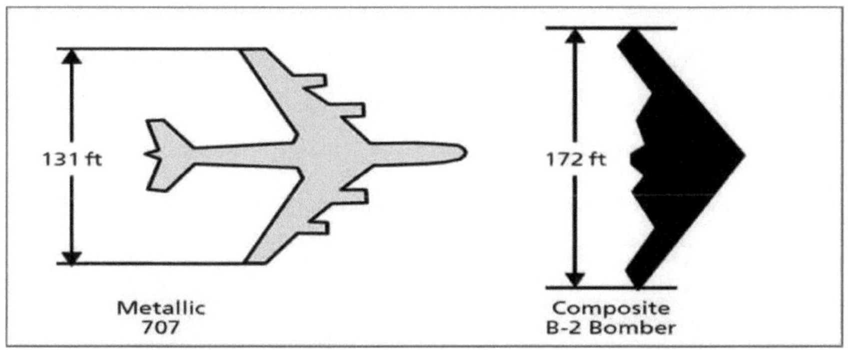

Fig. (1.1): Plano comparativo de áreas [8].

Estima-se que a indústria aeroespacial consome cerca de 50% da produção de compósitos avançados nos Estados Unidos. Atualmente, os compósitos avançados são amplamente utilizados em pequenas aeronaves militares, aeronaves de asas rotativas militares e comerciais e protótipos de aeronaves comerciais. A próxima grande oportunidade de mercado para os compósitos avançados é a das grandes aeronaves militares e comerciais de transporte [9].

Os principais materiais de matriz utilizados nas aplicações aeroespaciais são os epóxis, e os reforços mais comuns são o carbono/grafite, o Kevlar e as fibras de vidro de elevada rigidez, como se pode ver na **Fig. 1.2**. No entanto, os termoplásticos de alta temperatura, como o PEEK, são considerados uma boa escolha para futuras aplicações aeroespaciais [9].

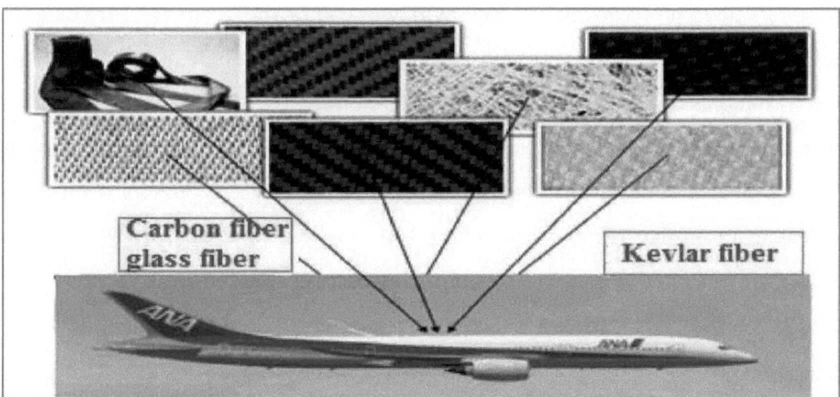

Fig. (1.2): Aplicações de materiais compósitos em aeronaves comerciais [10].

A comparação relativa das diferentes classes de materiais é apresentada no **Quadro 1.1**. É de notar que nenhum material satisfaz todas as necessidades dos veículos aeroespaciais actuais ou futuros. Todos eles têm algumas deficiências, quer em termos de propriedades quer de custos. Com a crescente ênfase nos custos, os actuais e os futuros [8].

Tabela (1.1): Comparação relativa dos grupos de materiais [8].

Material Classe	Tensão Força	Resistência à compressão	Rigidez	Ductilidade	Capacidade de temperatura	Densidade	Custo
Metais	Elevado	Elevado	Médio	Elevado	Elevado	Elevado	$$
Cerâmica	Baixa	Elevado	Muito elevado	Nulo	Elevado	Médio	$$$
Polímero	Muito baixo	Muito baixo	Muito baixo	Muito elevado	Baixa	Baixa	$
PMC	Muito elevado	Elevado	Muito elevado	Baixa	Médio	Baixa	$$$
MMC	Elevado	Elevado	Muito elevado	Baixa	Elevado	Médio	$$$$
CMC	Médio	Elevado	Muito elevado	Baixa	Muito elevado	Médio	$$$$$

1.3 Resinas termoplásticas de alto desempenho:

Poucos polímeros são termicamente estáveis em comparação com os metais ou as cerâmicas e mesmo os mais estáveis, como as poliimidas ou o PEEK, degradam-se por exposição a temperaturas superiores a cerca de 300°C [11].

Os polímeros são tradicionalmente isoladores e, nas suas aplicações como tal, a resistência é normalmente uma consideração secundária. No entanto, a condutividade eléctrica dos plásticos reforçados com fibras de carbono é importante em muitas aplicações aeronáuticas, em que a proteção dos sistemas aviónicos contra a atividade eléctrica externa (por exemplo, descargas atmosféricas) é importante. Foi no reforço de polímeros que se registaram os maiores desenvolvimentos até agora, e é provável que ainda haja margem para melhorias. Existe uma próspera indústria internacional de plásticos reforçados, para a qual tanto a ciência como a tecnologia estão muito avançadas e, embora o nível de sensibilização para os méritos dos plásticos reforçados por parte dos projectistas em engenharia geral pareça ser baixo, o mesmo não se passa com a indústria aeroespacial, para a qual os potenciais benefícios de uma resistência e rigidez muito elevadas, combinadas com uma baixa densidade, são facilmente reconhecidos [11].

Atualmente, está disponível e é utilizada uma vasta gama de termoplásticos. No domínio dos termoplásticos de elevado desempenho, o PEEK e o sulfureto de polifenileno (PPS) são provavelmente as resinas termoplásticas mais divulgadas. A maioria dos termoplásticos de alto desempenho tem morfologia de polímero semi-cristalino, uma vez que os níveis de cristalinidade nunca excedem cerca de 90%. A cristalinidade em polímeros de alto desempenho é importante, uma vez que tem uma forte influência nas propriedades químicas e mecânicas. Em termos gerais, a cristalinidade tende a aumentar a rigidez e a resistência à tração, enquanto as áreas amorfas são mais eficazes na absorção da energia de impacto. O grau de cristalinidade é determinado por muitos factores, incluindo o tipo de polímero e as condições de processamento. No processamento de um determinado tipo de polímero, os cristais de polímero formam-se durante o arrefecimento a partir do estado fundido. A taxa de arrefecimento é um parâmetro crucial na determinação do nível de cristalinidade [12].

As peças e conjuntos estruturais termoplásticos reforçados estão a ser desenvolvidos para serem incluídos nos actuais programas aeronáuticos. A indústria dos polímeros termoplásticos ganhou um novo interesse com a introdução dos compósitos de matriz termoplástica, que são atualmente considerados como candidatos a estruturas primárias de aeronaves [13].

O PEEK é particularmente útil no sector aeroespacial devido ao seu peso. Numa aplicação em que dois gramas podem fazer a diferença e em que o peso está directamente relacionado com o custo do combustível, a tubagem leve de PEEK é superior ao aço inoxidável. O PEEK iguala o alumínio em termos de propriedades mecânicas e é mais resistente a fluidos como os fluidos hidráulicos. O PEEK de parede fina é mais flexível e resistente a dobras do que os tubos de alumínio. A tubagem PEEK convoluta também é utilizada pelas suas propriedades de resistência à abrasão, para proteger os fios vulneráveis localizados em áreas onde podem ser esmagados ou cortados. A força, o peso e a resistência ao calor do PEEK são ideais para esta aplicação [14].

1.4 Simulação numérica:

Nos últimos anos, a utilização de placas laminadas como elementos estruturais tem aumentado consideravelmente. Devido à sua elevada rigidez e às suas elevadas relações resistência/peso e elevada rigidez, têm sido amplamente utilizadas em muitas aplicações de engenharia, tais como a indústria militar, aeronaves de ponte móvel, mísseis, construção naval, indústria automóvel e construção civil. A utilização correta e eficaz destes laminados requer uma análise mais complexa, a fim de prever com precisão a resposta elástica (como a deflexão e a análise de tensões) destas estruturas sob cargas externas. Foi efectuada uma quantidade considerável de trabalhos de investigação sobre o comportamento elástico de placas laminadas (particularmente placas finas) [15].

As estruturas compósitas podem ser analisadas através de métodos analíticos e numéricos. Geralmente, quando uma estrutura composta é modelada, têm de ser feitas algumas suposições e simplificações. Para a solução de equações diferenciais parciais não lineares acopladas, têm sido utilizados vários procedimentos, tais como o método de Galerkin, séries de Fourier e Rayleigh-Ritz. O Método dos Elementos Finitos (MEF) tem sido amplamente utilizado na análise de estruturas compósitas. No entanto, o MEF apresenta algumas dificuldades quando a estrutura composta investigada é bastante espessa [15].

A rápida evolução do hardware informático torna o MEF de respostas de determinação complexas cada vez mais aplicável. O MEF é utilizado em todo o mundo para simular os processos de materiais compósitos e tornou-se uma tecnologia de simulação numérica fiável [16 e 17].

1.5 Revisão da literatura:

Yau S.S. e Chou T.W, (1985) [18], avaliaram o comportamento à fadiga por flexão de vários termoplásticos reforçados com fibras de vidro curtas orientadas aleatoriamente. Os termoplásticos considerados incluíam poli-éter imida (PEI), poli-éter sulfona (PES) e PEEK e foram reforçados com 30% em peso de fibras curtas de vidro. Os espécimes foram testados em condições de carga totalmente invertida e controlada. A resistência à tração do PEI foi superior à do PEEK e do PES. No entanto, a resistência à fadiga do PEEK foi consideravelmente superior à dos compósitos de PEI e PES e não foi encontrada qualquer correlação entre a resistência à fadiga e a resistência à tração destes compósitos.

K. Friedrich, et al. (1986) [19], investigaram o efeito do reforço de fibras curtas de vidro e de carbono na propagação de fendas por fadiga e na fratura de compósitos de matriz PEEK e a sua dependência da fração de volume de fibras. A resistência à fratura e a taxa de propagação de fendas por fadiga do PEEK virgem e dos seus compósitos foram medidas e estão correlacionadas com parâmetros microestruturais. Os mecanismos de falha foram observados por microscopia eletrónica de varrimento das superfícies fracturadas. Os resultados mostram que as propriedades de fratura são anisotrópicas, quando medidas em diferentes direcções em relação à direção de enchimento do molde. O desempenho do material é apenas ligeiramente afetado pela adição de fibras curtas.

D.C. Curtis, et al. (1988) [20], estudaram o ensaio à fadiga de laminados multi-ângulo de CF/PEEK. Foram testadas duas disposições multi-ângulo, [-45/0/45/90] e [±45], cada uma com uma variedade de espessuras. Um espécime com abas de lados paralelos e um espécime com cintura de largura foram examinados na gama de frequências (0,5-5 Hz). Além disso, a temperatura do provete foi monitorizada durante o ciclo, o resultado mostra que a geometria do provete não teve influência nas propriedades de fadiga medidas. Frequências de carga mais elevadas resultaram em aumentos de temperatura significativamente elevados nos provetes e na deterioração do desempenho à fadiga, especialmente para os provetes [±45]. As relações entre a tensão aplicada e o número de ciclos até à rotura são apresentadas para os materiais considerados, para ciclos até 107.

Alexander Tregub, et al. (1993) [21], investigaram o efeito do grau de cristalinidade nas propriedades mecânicas, afectando especificamente a fadiga por flexão, do desempenho como-recebido do PEEK reforçado com CF, onde os compósitos foram examinados em dois níveis de cristalinidade (35%) e de compósitos temperados (10%). Os resultados mostram que a resistência à flexão estática e o módulo de elasticidade mais elevados, bem como uma vida de fadiga mais longa, são observados para o nível de cristalinidade mais elevado.

Imad Al-Hmouz, (1997) [22], discutiu o efeito da frequência e do nível de carga no comportamento à fadiga do compósito [+45] carbono/PEEK. Foram utilizadas três frequências de carga (1Hz, 5Hz, 10Hz) e três níveis de carga (60%6ult, 70%6ult e 80%6ult), com um rácio de carga de R=0,13. Durante cada ensaio de fadiga, a carga cíclica, a deformação axial e a temperatura da superfície da amostra foram registadas através de um sistema de aquisição de dados. Verificou-se que a vida à fadiga deste material diminui com o aumento da frequência de carga. Com a mesma frequência, a vida à fadiga diminui à medida que o nível de carga aumenta, com mais declínios a frequências mais elevadas.

E. Kristofer Gamstedt, et al. (1999) [23], estudaram os mecanismos de fadiga em polipropileno (PP) reforçado com fibras de vidro unidireccionais, tendo sido investigados o PP e o polipropileno modificado com anidrido maleico (MA-PP) reforçado por fibras de vidro longitudinais contínuas. O comportamento à fadiga macroscópica foi caracterizado em termos de redução da rigidez e curvas de vida à fadiga. Os resultados mostraram que o módulo de Young longitudinal se degradou mais rapidamente para o GF/PP, o que foi causado por um maior grau de crescimento e acumulação de danos, e a vida à fadiga foi prolongada em cerca de uma década para o compósito com a interface mais forte através da utilização da matriz de PP enxertada com anidrido maleico.

M.S. Abu Bakar, et al. (2003) [24], estudaram as propriedades de tração, o comportamento à fadiga e a resposta biológica de compósitos PEEK-hidroxiapatite (HA) para suporte de carga, utilizados em aplicações ortopédicas. A quantidade de (HA) incorporada na matriz polimérica (PEEK) varia entre 5 e 40 vol% e estes materiais foram fabricados com sucesso por moldagem por injeção. Verificou-se que a quantidade de HA no compósito influenciou as propriedades de tração. O comportamento dinâmico sob fadiga de tensão-tensão revelou que a vida útil à fadiga dos compósitos PEEK-HA dependia do teor de HA, bem como da carga aplicada. As respostas biológicas dos compósitos PEEK-HA foram realizadas no âmbito da biocompatibilidade e da natureza bioactiva dos materiais compósitos.

Hua Fu, et al. (2008) [25], estudaram a estabilidade térmica de compósitos PEEK reforçados com aço inoxidável e fibras de carbono em condições de fricção e desgaste por deslizamento a seco. Os resultados mostraram que os compósitos PEEK apresentavam um coeficiente de atrito estável e um rácio de desgaste mais baixo. A degradação térmica do PEEK não ocorre até que a sua temperatura aumente para mais de 350. As fibras de aço inoxidável e de carbono ligam-se fortemente à matriz PEEK e podem ser responsáveis pela melhoria da estabilidade dos coeficientes de atrito dos materiais.

O Dr. Muhannad Khelifa e Hayder Al-Shukri, (2008)[26] , investigaram experimental e teoricamente o comportamento à fadiga de um material compósito fabricado através do empilhamento de quatro camadas de fibra de vidro E em diferentes orientações angulares

(0º , ± 45º , 0 /90ºº) imersas em resina de poliéster com uma espessura total de 4 mm. Os resultados do ensaio de fadiga mostram que o compósito uniaxial tem a resistência mais elevada e a degradação por fadiga é também a mais elevada. O método de microscopia ótica de alta ampliação mostra que a falha das lâminas a (± 45º e 0º / 90º) é devida à falha da matriz na direção da fibra, enquanto que para a lâmina unidirecional a 0º , a falha é devida à rutura das fibras.

Mohammed Hussein, et al. 2010 [27], investigou o comportamento à fadiga de compósitos de epóxi reforçados com fibra de carbono picada com diferentes percentagens de peso de CF picada (2,5%, 5%, 7,5%, 10%, 12,5%). Os resultados mostram que o aumento da percentagem de peso de CF picada aumenta os valores de tensão máxima para todos os compósitos, enquanto os valores de resistência à fadiga, limite de fadiga e vida à fadiga aumentam para todos os compósitos, exceto o compósito com peso de reforço de 12,5%, que foi sujeito a uma falha rápida. Esta falha pode ser devida à separação das fibras de carbono cortadas da matriz epoxídica.

O Prof. Dr. Muhsin J. Jweeg, et al. 2010 [28], apresentou um estudo experimental das caraterísticas de fadiga de placas compósitas laminadas. Neste estudo, o material utilizado é o GF com uma resina de poliéster; a experiência utilizou um dispositivo para forçar o compósito a estar sob uma fadiga de flexão através de uma deflexão especificada e, em seguida, a força é medida. Os resultados mostram que o dano por fadiga no compósito é um processo de dano complexo e interativo, que combina vários mecanismos de dano, tais como a delaminação, a rutura de fibras, a fissuração da matriz e a debounding da matriz de fibras.

Ali S. Hammood, et al. 2011 [29], investigaram o efeito da orientação da fibra na fadiga do material compósito epóxi de reforço GF com fratura volumétrica da fibra no material compósito de cerca de (0,21). Os resultados mostram que a magnitude da resistência à fadiga e o número de ciclos de fadiga para o material compósito diminuem com o aumento do ângulo de orientação da fibra, aumentando com o aumento da resistência do material compósito e diminuindo com a diminuição da resistência dos materiais compósitos e para a carga oblíqua na direção da fibra, a fadiga superficial dos materiais compósitos paralela à direção da fibra e para a fibra unidirecional, a fadiga superficial perpendicular à fibra.

Khalid Rashid al-Rawi, et al. 2012 [30], investigou o comportamento à fadiga de três camadas de fibras de vidro e Kevlar (0° - 90°), em matriz epóxi, utilizando o método de flexão rotativa, estas curvas determinaram a vida à fadiga e o limite de fadiga e a resistência à fadiga do compósito. Os resultados mostram que o reforço tem um papel importante no aumento da resistência à fadiga em comparação com os espécimes que não têm reforço, sendo que os espécimes reforçados com fibras de vidro têm melhor resistência à fadiga e melhor vida à fadiga do que os espécimes reforçados com fibras de Kevlar.

H. Xin, et al. 2013 [31], investigaram a resistência do PEEK após o envelhecimento térmico. Os espécimes de PEEK foram divididos em cinco grupos, de acordo com o facto de os espécimes terem sido recozidos ou envelhecidos. Os testes estáticos envolveram o carregamento dos espécimes até ser atingido um deslocamento máximo de 40 mm. Os testes dinâmicos envolveram a aplicação de uma força sinusoidal variável a uma frequência de 5 Hz. Os testes continuaram até à falha. O envelhecimento não resultou numa alteração significativa da tensão de cedência estática. O recozimento aumentou significativamente o limite de elasticidade. Para os ensaios dinâmicos, a resistência à fadiga situou-se no intervalo de 99,4 a 107,4 MPa; o envelhecimento térmico não teve qualquer efeito na resistência à fadiga.

Ahmed Fadhil Hamzah, 2013 [32], sugeriu modelos numéricos para simular os ensaios mecânicos de materiais compósitos a partir de PPS como matriz reforçada por fibras de vidro, carbono e híbridas, onde as folhas de compósito termoplástico foram feitas de acordo com a teoria laminada de diferentes tipos de reforço, para tecido (cross play) de GF (1, 2, 3, e 4) .Os resultados experimentais estão de acordo com os teóricos, onde se verificou uma melhoria das propriedades mecânicas com o aumento do número de camadas do material compósito, onde os melhores valores das propriedades mecânicas podem ser encontrados no compósito reforçado com CF de três camadas com sequência (0°/90°/0°), exceto a resistência ao impacto que pode ser encontrada com o valor mais elevado em quatro camadas de GF. Isto deve-se ao tecido de vidro que absorve mais energia devido à natureza do tecido em duas direcções.

A. Avanzini, et al. 2013 [33], discutiram o comportamento à fadiga e os danos cíclicos de compósitos PEEK reforçados com GF curtos. A evolução do dano cíclico com ciclos de carga foi então comparada através da definição de um parâmetro de dano relacionado com a redução da rigidez do espécime observada durante os ensaios. A fim de reproduzir as diferentes cinéticas de dano por fadiga e as fases de acumulação progressiva de dano observadas experimentalmente, foi finalmente desenvolvido um modelo de dano cíclico e implementado num código de elementos finitos, através do qual se obteve uma concordância satisfatória entre a previsão numérica e os dados experimentais em diferentes níveis de tensão para cada material examinado.

Moyed Al-Nueimi e Edrees Al-Obeidi, 2013 [34], estudaram o efeito da fração de peso dos materiais de reforço (E-glass) fibras laminadas de fio cortado, em que (E-glass) fibras contínuas e pó de vidro, no comportamento de fadiga por flexão alternada da matriz de poliéster insaturado .O resultado obtido do ensaio de fadiga no caso da utilização de pó de vidro sugere que a vida à fadiga depende da percentagem da fração de peso e as fibras contínuas de vidro contribuíram eficazmente para melhorar a resistência à fadiga, o que se reflecte numa vida à fadiga mais longa dos compósitos.

Mahdi N. Muslim, 2014 [35], investigou modelos numéricos para simular o ensaio de fadiga de materiais compósitos de resina de poliéster reforçados com pó de alumínio e fibra de vidro E com uma fração volumétrica de 33 %, para mostrar o efeito do shot peening na vida à fadiga. Nos resultados do ensaio de fadiga, o limite de resistência dos compósitos de pó de alumínio diminuiu com o aumento do tempo de shot peening, enquanto que nos compósitos de fibra (E-glass com poliéster de 33 % de fração volumétrica), obteve-se que o aumento do tempo de shot peening satisfaz um aumento do limite de resistência. Para verificar os resultados experimentais foi efectuada uma solução numérica por MEF utilizando o ANSYS.14 workbench. Foi encontrada uma boa concordância no comportamento entre o trabalho experimental e os dados numéricos.

1.6 Âmbito de aplicação e considerações finais:

Muitos dos estudos anteriores abordaram a melhoria das propriedades mecânicas, especialmente a vida à fadiga, devido à adição de diferentes tipos de fibras. Alguns destes estudos investigaram a influência da orientação das fibras e do shot peening na vida à fadiga dos compósitos de matriz polimérica.

O presente trabalho estudou o efeito das fibras de vidro e de carbono cortadas a uma fração volumétrica constante de 30% na estrutura, nas propriedades térmicas e no nível cristalino para mostrar o seu efeito nas propriedades mecânicas, especialmente na vida à fadiga dos compósitos de polímeros, bem como utilizando o programa ANSYS14.0 para modelar o ensaio de fadiga utilizando o MEF. Também o efeito do entalhe e da temperatura a 150^{t} C nas propriedades de fadiga e nas teorias de fadiga são estudados numericamente.

Capítulo Dois

Princípios teóricos de (polímeros compósitos, comportamento mecânico e à fadiga)

2.1 Introdução:

Um compósito é um material estrutural que consiste em dois ou mais constituintes combinados a um nível macroscópico e não solúveis um no outro. Um constituinte é designado por fase de reforço e o outro, no qual está incorporado, é designado por matriz. O material da fase de reforço pode apresentar-se sob a forma de fibras, partículas ou flocos. Os materiais da fase matriz são geralmente contínuos [36].

Atualmente, os materiais compósitos referem-se a materiais com fibras fortes - contínuas ou não contínuas - rodeadas por um material de matriz mais fraco. A matriz serve para distribuir as fibras e também para transmitir a carga às fibras. Nos últimos anos, tem havido uma extensa investigação sobre a utilização de placas/laminados de FRP para substituir as placas de aço na ligação de placas [37].

Devido à sua geometria complexa e ao comportamento dos seus constituintes, os compósitos requerem testes extensivos para garantir o sucesso da conceção de um componente ou estrutura. Estes ensaios são integrados em toda a fase de conceção e abrangem desde a criação dos constituintes e da lâmina resultante até ao nível estrutural desejado. Para garantir que os dados obtidos são úteis para comparação e fornecem resultados repetíveis e fiáveis, os procedimentos de ensaio são definidos por normas rigorosas. Nos ensaios de fadiga, o objetivo é obter dados significativos sem desperdiçar desnecessariamente tempo ou amostras [38].

Os materiais compósitos apresentam tensões de limiar de fadiga mais elevadas do que os metais. Uma vez ultrapassado este limiar, os materiais compósitos apresentam uma maior dispersão na fadiga do que os metais e podem tender para um desempenho de fiabilidade inferior se as estruturas compósitas forem sujeitas a tensões tão elevadas. Devido a este elevado limiar de tensão, a fadiga não é o fator limitante na conceção de estruturas compósitas [39].

2.2 Estrutura do material compósito:

1- Fase da matriz

2- Fase de reforço - fibra.

3- A interface fibra-matriz.

A Fig. 2.1 mostra a estrutura dos materiais compósitos:

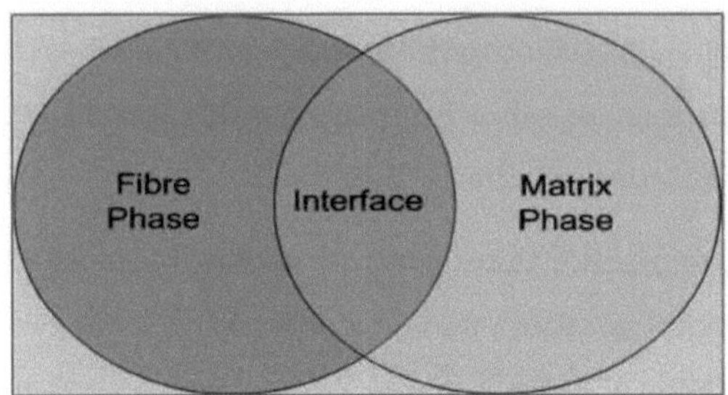

Fig. (2.1): Estrutura dos materiais compósitos [40].

2.2.1 Fase da matriz:

A fase primária com carácter contínuo é geralmente mais dúctil e menos dura. O objetivo da matriz é unir as armaduras em virtude das suas caraterísticas coesivas e adesivas, transferir carga para e entre as armaduras e proteger as armaduras do ambiente e do manuseamento [41].

2.2.2 Fase de reforço - Fibra:

A segunda fase (ou fases) é incorporada na matriz de forma descontínua, geralmente mais forte do que a matriz, pelo que é por vezes designada por fase de reforço. O principal objetivo do reforço é proporcionar níveis superiores de resistência e rigidez ao compósito [42].

2.2.3 A interface fibra-matriz:

A interface é formada por reacções químicas entre a fibra e os materiais da matriz, ou pela utilização de revestimentos protectores das fibras durante o fabrico. A estrutura e as propriedades da interfase fibra-matriz desempenham um papel importante nas propriedades mecânicas e físicas dos materiais compósitos. Em particular, as grandes diferenças entre as propriedades elásticas da matriz e das fibras têm de ser comunicadas através da interfase ou, por outras palavras, as tensões que actuam na matriz são transmitidas [43].

2.3 Classificação do material compósito:

Os materiais compósitos são classificados em dois níveis:

2.3.1 O primeiro nível de classificação:

O primeiro nível de classificação é geralmente efectuado em relação ao constituinte da matriz, como se mostra na **Fig. 2.2.** As principais classes de compósitos incluem os compósitos de matriz orgânica (OMCs), os compósitos de matriz metálica (MMCs) e os compósitos de matriz cerâmica (CMCs). O termo compósito de matriz orgânica é geralmente considerado como incluindo duas classes de compósitos, nomeadamente os compósitos de matriz polimérica (PMCs) e os compósitos de matriz de carbono, geralmente referidos como compósitos carbono-carbono [41].

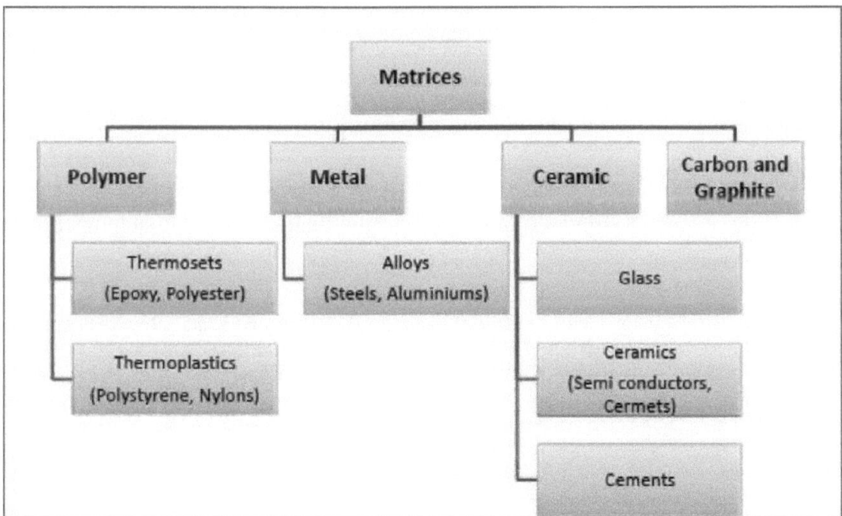

Fig. (2.2): Classificação do material compósito de acordo com o constituinte da matriz [44].

2.3.1.1 Compósitos de matriz polimérica (PMC):

A principal consideração na seleção de uma matriz são as suas propriedades mecânicas básicas. Para compósitos de alto desempenho, as propriedades mecânicas mais desejáveis de uma matriz são:

1. Módulo de tração elevado, que influencia a resistência à compressão do compósito. 2. Elevada resistência à tração, que controla a fissuração intraplaca num laminado compósito. 3. Elevada resistência à fratura, que controla a delaminação das camadas e o crescimento de fissuras.

Para um compósito de matriz polimérica, podem existir outras considerações, como a boa estabilidade dimensional a temperaturas elevadas e a resistência à humidade ou a solventes, em que o polímero não deve dissolver-se, inchar, fissurar ou degradar-se em ambientes quentes e húmidos ou quando exposto a solventes. Alguns solventes comuns em aplicações aeronáuticas são os combustíveis para jactos, os fluidos de degelo e os decapantes. Do mesmo modo, a gasolina, o óleo de motor e o anticongelante são solventes comuns no ambiente automóvel [45].

Tradicionalmente, os polímeros termoendurecidos (também designados por resinas) têm sido utilizados como material de matriz para compósitos reforçados com fibras. As vantagens da utilização de polímeros termoendurecíveis são a sua estabilidade térmica e resistência química. Também apresentam muito menos fluência e relaxamento de tensões do que os polímeros termoplásticos. As desvantagens são:

2. Tempo de armazenamento limitado (antes de a forma final ser moldada) à temperatura ambiente

3. Longo tempo de fabrico no molde (onde a reação de polimerização, chamada reação de cura ou simplesmente chamada cura, é levada a cabo para transformar o polímero líquido num polímero sólido).

4. Baixa tensão até à rotura, o que também contribui para as suas baixas resistências ao impacto [45].

A vantagem mais importante dos polímeros termoplásticos em relação aos polímeros termoendurecidos é a sua elevada resistência ao impacto e à fratura, que por sua vez conferem uma excelente caraterística de tolerância ao dano ao material compósito. Em geral, os polímeros termoplásticos têm uma maior tensão até à falha do que os polímeros termoendurecidos, o que pode proporcionar uma melhor resistência à microfissuração da matriz no laminado compósito. Outras vantagens dos polímeros termoplásticos são [45]:

1.1.1.1 Prazo de validade ilimitado à temperatura ambiente

1.1.1.2 Tempo de fabrico mais curto e pós-formabilidade (por exemplo, por termoformagem).

1.1.1.3 Compósito de matriz metálica (MMC):

A matriz metálica tem a vantagem sobre a matriz polimérica em aplicações que requerem uma resistência a longo prazo a ambientes severos, como as altas temperaturas. O limite de elasticidade e o módulo de elasticidade da maioria dos metais são superiores aos dos polímeros, o que constitui uma consideração importante para as aplicações que requerem uma elevada resistência transversal e módulo, bem como resistência à compressão do compósito. Outra vantagem da utilização de metais é o facto de poderem ser deformados plasticamente e reforçados por uma variedade de tratamentos térmicos e mecânicos. No entanto, os metais têm uma série de desvantagens, nomeadamente, têm densidades elevadas, pontos de fusão elevados (portanto, temperaturas de processo elevadas) e uma tendência para a corrosão na interface fibra-matriz [45].

1.1.1.4 Compósito de matriz cerâmica (CMC):

As cerâmicas são conhecidas pela sua estabilidade a altas temperaturas, elevada resistência ao choque térmico, elevado módulo, elevada dureza, elevada resistência à corrosão e baixa densidade. No entanto, são materiais frágeis e possuem baixa resistência à propagação de fissuras, o que se manifesta na sua baixa tenacidade à fratura. A principal razão para reforçar uma matriz cerâmica é aumentar a sua resistência à fratura [45].

1.1.1.5 Matrizes de carbono e grafite:

O carbono e a grafite ocupam um lugar especial nas opções de materiais compósitos. Os compósitos carbono-carbono não devem ser aplicados a temperaturas elevadas, uma vez que muitos compósitos provaram ser muito superiores a estas temperaturas. No entanto, a sua capacidade de manter as suas propriedades à temperatura ambiente, bem como a temperaturas da ordem dos 2400°C, e a sua estabilidade dimensional fazem deles a escolha óbvia numa série de aplicações relacionadas com a aeronáutica, o exército, a indústria e o espaço [46].

2.3.2 O segundo nível de classificação:

O segundo nível de classificação refere-se à forma de reforço dos compósitos reforçados com fibras, dos compósitos laminados e dos compósitos com partículas. Os compósitos reforçados com fibras podem ainda ser divididos entre os que contêm fibras descontínuas ou contínuas.

2.3.2.1 Compósitos reforçados com fibras

São compostos por fibras embebidas em material de matriz. Um compósito deste tipo é considerado um compósito de fibras descontínuas ou de fibras curtas se as suas propriedades variarem com o comprimento da fibra. Por outro lado, quando o comprimento da fibra é tal que qualquer aumento adicional no comprimento não aumenta ainda mais o módulo de elasticidade do compósito, este é considerado um compósito reforçado com fibras contínuas. As fibras têm um diâmetro pequeno e, quando empurradas axialmente, dobram-se facilmente, embora tenham muito boas propriedades de tração. Estas fibras devem ser suportadas para evitar que as fibras individuais se dobrem e encurvem [1].

2.3.2.2 Compósitos laminares:

Compostas por camadas de materiais unidas por uma matriz. As estruturas em sanduíche pertencem a esta categoria.

2.3.2.3 Compósitos de partículas:

Composto por partículas distribuídas ou incorporadas num corpo de matriz. As partículas podem ser em flocos ou em pó. Os painéis de partículas de betão e de madeira são exemplos desta categoria [47]. **A Fig. 2.3** mostra a classificação dos materiais compósitos de acordo com o reforço com fibras [45].

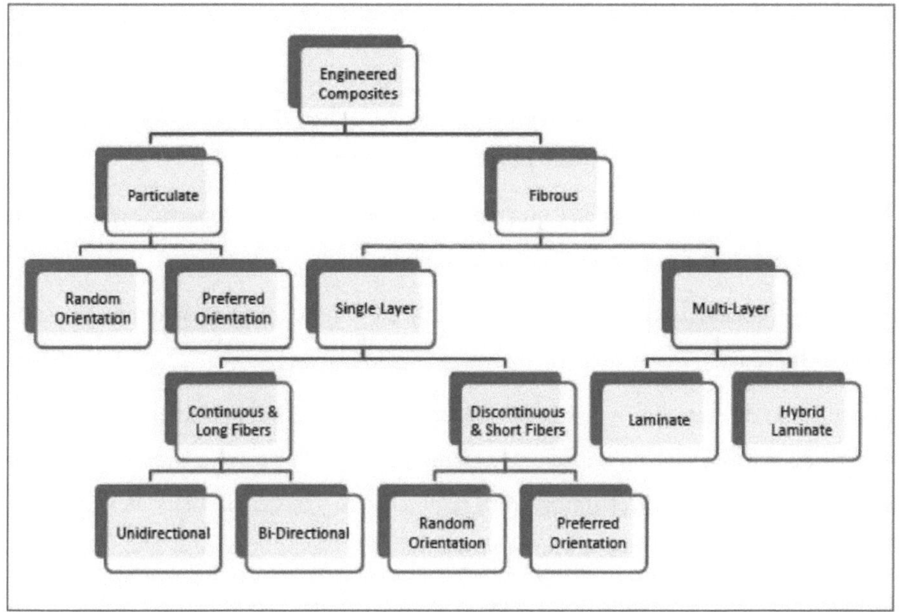

Fig. (2.3): Classificação dos materiais compósitos de acordo com a fibra reforçada [45].

2.4 Funções das fibras e da matriz:

Um material compósito é formado pelo reforço de plásticos com fibras. Para desenvolver uma boa compreensão do comportamento do compósito, é necessário ter um bom conhecimento das funções das fibras e dos materiais da matriz num compósito. As funções importantes das fibras e dos materiais da matriz são discutidas de seguida [48].

As principais funções das fibras num compósito são:

• Para suportar a carga. Num compósito estrutural, 70 a 90% da carga é suportada pelas fibras.

• Para proporcionar rigidez, resistência, estabilidade térmica e outras propriedades estruturais nos compósitos.

• Para proporcionar condutividade eléctrica ou isolamento, dependendo do tipo de fibra utilizada [48].

Um material de matriz desempenha várias funções numa estrutura composta, a maioria das quais é vital para o desempenho satisfatório da estrutura. As funções importantes de um material de matriz incluem as seguintes: [48].

• A matriz isola as fibras de modo a que as fibras individuais possam atuar separadamente. Isto pára ou retarda a propagação de uma fenda.

• A matriz proporciona uma boa qualidade de acabamento de superfície e ajuda na produção de peças de forma líquida ou quase líquida.

• A matriz fornece proteção às fibras de reforço contra ataques químicos e danos mecânicos (desgaste).

• Dependendo do material da matriz selecionado, as caraterísticas de desempenho, como a ductilidade, a resistência ao impacto, etc., também são influenciadas. Uma matriz dúctil aumentará a resistência da estrutura. Para requisitos de resistência mais elevados, são selecionados compósitos à base de termoplásticos.

• O modo de falha é fortemente afetado pelo tipo de material da matriz utilizado no compósito, bem como pela sua compatibilidade com a fibra [48].

2.5 Micromecânica:

2.5.1 Teoria micromecânica:

A micromecânica é o estudo da relação entre os materiais ao nível dos constituintes e as propriedades da lâmina, como se pode ver na **Fig. 2.4**. O seu objetivo é descrever os módulos e os coeficientes de expansão de uma lâmina a partir das propriedades da fibra e da matriz, da microestrutura do compósito e das fracções volumétricas dos constituintes. Também considera a região de interface dentro de um laminado, que ocorre onde as fibras e a matriz circundante se encontram. A micromecânica é geralmente utilizada para fornecer um método adequado de cálculo da média das tensões e deformações nos constituintes ao nível macroscópico [49].

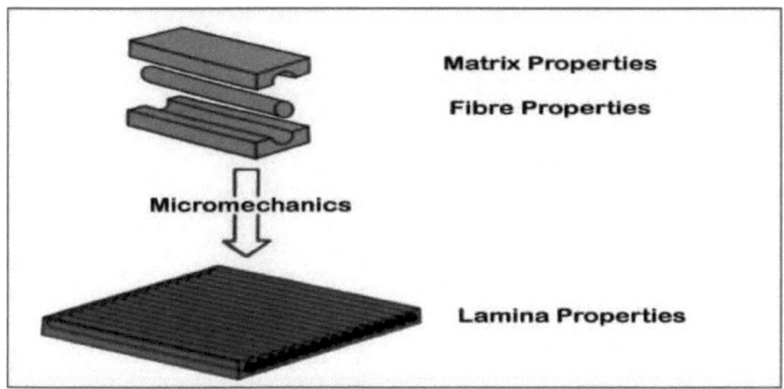

Fig. (2.4): O papel da micromecânica [49].

2.5.2 Métodos de falha micromecânica:

A rotura de materiais ortotrópicos é complexa devido à natureza da sua estrutura micromecânica. Sendo uma mistura de constituintes insolúveis, a fragilidade do material depende das resistências individuais dos materiais e da resistência combinada da sua ligação. Por conseguinte, é muito difícil prever qual a parte do material que irá falhar, especialmente quando a orientação das fibras varia consoante o laminado individual. Ao contrário dos materiais isotrópicos, em que os átomos deslizam uns sobre os outros para se separarem e falharem gradualmente, os compósitos falham muito rapidamente quando um dos constituintes ou a ligação de interface falha. A rotura dos materiais compósitos ocorre em cinco modos, conforme descrito na **Tabela 2.1**. Os modos de rotura incluem rotura da fibra, rotura da matriz, encurvadura da fibra, descolamento e arrancamento da fibra [49].

Tabela (2.1): Modos de falha do compósito [49].

Modo de falha	Método de falha	Representação visual
Fratura de fibras	Ocorre sob carga de tração quando a resistência ao escoamento da fibra é excedida	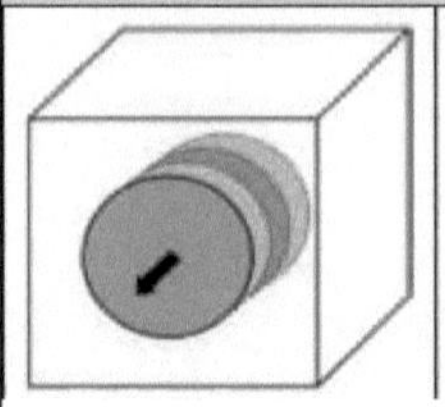
Encurvadura da fibra	Ocorre quando as forças de compressão fazem com que a fibra colapse e se dobre	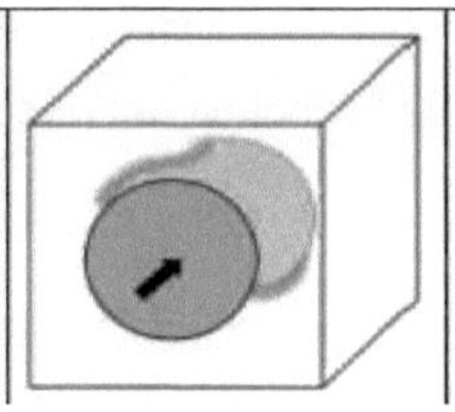
Extração de fibras	Ocorre quando a fibra cede e se desprende da matriz	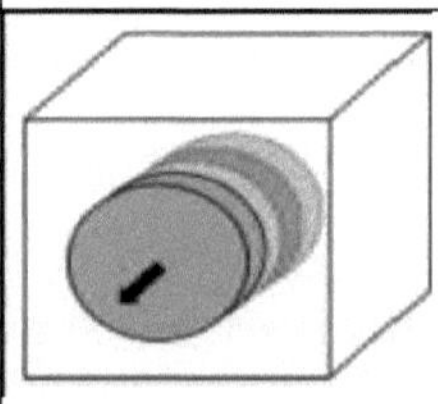
Falha da matriz	Ocorre quando o limite de elasticidade da matriz é excedido e surgem fissuras	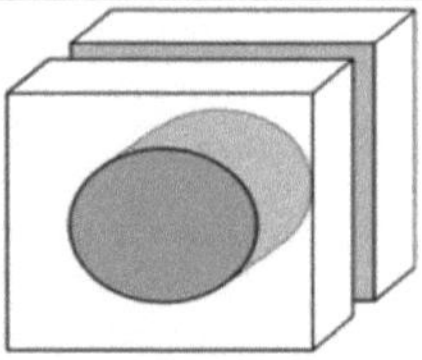
Fissuração/descolagem da interface	Ocorre quando as tensões transversais ou de arco na região da interface excedem a resistência da ligação	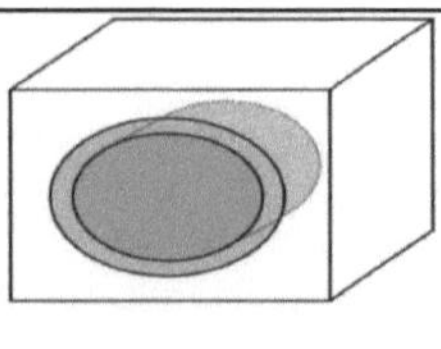

2.6 Poliéter-éter-cetona (PEEK):

O PEEK é um polímero termoplástico aromático resistente com propriedades que o tornam muito atrativo para utilização como termoplástico de engenharia de alta qualidade. É um polímero semicristalino com um ponto de fusão cristalino em torno de T = 613 K (340°C) e uma transição vítrea em torno de T = 416 K (143°C). A sua espinha dorsal relativamente rígida proporciona uma excelente estabilidade a altas temperaturas. Tem uma temperatura de serviço contínua elevada com as vantagens da fácil processabilidade por moldagem por injeção e outras técnicas comuns aos polímeros termoplásticos. **A Fig. 2.5** mostra a estrutura química da poli-éter-éter-cetona [50].

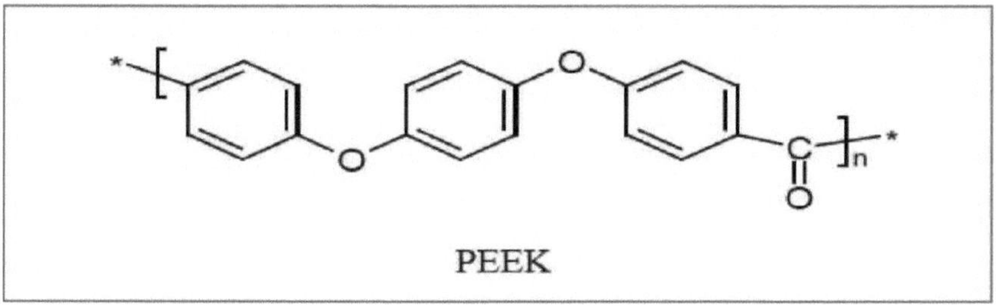

PEEK

Fig. (2.5): Poli (oxi-1, 4-fenilenooxi-1, 4-fenilenocarbonil-1, 4-fenileno) (PEEK) [50].

As excelentes propriedades térmicas do polímero são atribuídas à estabilidade da espinha dorsal aromática, que constitui a maior parte da unidade monomérica. Os polímeros que contêm carbono aromático e/ou ligações heterocíclicas na cadeia principal do polímero, como o PEEK, têm certas caraterísticas que se relacionam com a sua pirólise e rendimento em carvão. Estas caraterísticas são as seguintes:

- A estabilidade térmica e o rendimento em carvão aumentam com o número relativo de grupos aromáticos na cadeia principal por unidade de repetição da cadeia polimérica.

- A pirólise tende a começar com a cisão das ligações mais fracas nos grupos de ligação entre anéis aromáticos [51].

Algumas das propriedades significativas do PEEK são as seguintes

- Manutenção das propriedades mecânicas úteis a temperaturas até 315°C (600°F).

- O PEEK apresenta uma elevada resistência à fadiga. Também é resistente à fadiga térmica quando o ciclo de temperatura é inferior a 150°C (300°F).

- O PEEK tem uma resistência ao impacto superior à de outros termoplásticos, mas inferior à da maioria dos metais.

- Embora haja uma queda nas propriedades mecânicas após a temperatura de transição vítrea, o PEEK é significativamente mais forte do que a maioria dos outros termoplásticos a temperaturas mais elevadas.

- A biocompatibilidade, a resistência mecânica e a resistência à fissuração por tensão tornam o PEEK útil em aplicações médicas
- Muitos termoplásticos são vulneráveis a cargas aplicadas continuamente, uma vez que são susceptíveis à deformação. O PEEK apresenta uma maior fluência numa vasta gama de temperaturas.
- A resistência à fratura do PEEK é cerca de 50-100 vezes superior à dos epóxis.
- Apresenta caraterísticas de baixa absorção de água, que é inferior a 0,5% a 23°C (73°F) em comparação com 4-5% para epóxis aeroespaciais convencionais.
- Oferece resistência a uma vasta gama de produtos químicos de processo.
- O PEEK oferece uma boa resistência ao desgaste e aos produtos químicos.
- Apresenta boa resistência à radiação gama, o que permite a sua utilização como material de revestimento de fios para a cablagem de controlo na área de contenção dos reactores nucleares [52].

1.1.1 Matriz de poli-éter-éter-cetona:

O PEEK está agora a ser utilizado como matriz polimérica para pré-impregnados de compósitos termoplásticos, suspendendo fibras de carbono, vidro ou aramida para um material compósito que pode substituir metais e termoendurecíveis em aplicações aeroespaciais, médicas e industriais. O material é fornecido em viscosidades que variam de padrão a médio, a muito baixo. O PEEK é capaz de suportar temperaturas de funcionamento contínuo até 260°C em aplicações de baixa tensão e 120°C em aplicações estruturais aeroespaciais. O PEEK estabeleceu parcerias com produtores de compósitos para criar tecidos secos e multiaxiais; trança, fita dupla e unidirecional; folha unidirecional; e tecido consolidado [12].

1.1.2 Aplicações da poli-éter-éter-cetona (PEEK):

1.1.2.1 O PEEK substitui os tubos metálicos:

O PEEK é um substituto ideal para o aço inoxidável, outros tipos de tubos metálicos e até mesmo vidro, para redução de peso, força/massa comparável, resistência química e dureza. Acima de tudo, o PEEK é comparável em termos de resistência, mas é mais leve e mais económico do que o aço inoxidável. O PEEK é um tubo de polímero, pelo que o risco de corrosão, libertação de gases ou lixiviação (que pode causar contaminação) é mínimo. O PEEK é quimicamente resistente e inerte com a maioria dos ácidos e bases. O PEEK com paredes finas também pode ser mais flexível do que os tubos de aço inoxidável ou de titânio e pode ser facilmente cortado à medida com uma lâmina de barbear. O PEEK é soldável, maquinável e pode ser utilizado com acessórios existentes em aço inoxidável ou polímero. O PEEK pode ser ligado com epóxis, cianoacrilatos, poliuretanos ou silicones. **A Tabela 2.2** mostra a comparação do PEEK com os metais [14].

Tabela (2.2): Comparação do PEEK com os metais [14]

Comparação do PEEK com os metais		
Aço	Bronze	Alumínio
O PEEK tem um custo de fabrico mais baixo	O PEEK tem melhores propriedades mecânicas	O PEEK tem um custo de fabrico mais baixo
O PEEK tem menos substâncias lixiviáveis	PEEK é mais duro	PEEK é mais duro
O PEEK tem melhores propriedades de desgaste a seco	PEEK tem melhor desgaste e fricção	PEEK tem melhor desgaste e fricção
O PEEK tem melhor resistência química	O PEEK tem melhor resistência química	O PEEK tem melhor resistência química
O PEEK tem uma densidade 83% inferior	O PEEK tem uma densidade 85% inferior	O PEEK tem uma densidade 50% inferior

1.1.2.2 Aplicações médicas:

São vários os factores que contribuem para o interesse e o crescimento dos produtos bioplásticos no mercado. Alguns que merecem ser mencionados incluem a disponibilidade crescente de tecnologias económicas e processos melhorados [53].

O PEEK pode ser utilizado no sector médico como um tubo rígido em cirurgias minimamente invasivas, como a colocação de stents. O PEEK também é útil em aplicações médicas devido ao seu baixo coeficiente de fricção, que não permite a acumulação de calor, reduzindo o tempo de inatividade e acelerando os procedimentos sensíveis ao tempo. Para dispositivos médicos que requerem esterilização repetida, os tubos PEEK podem suportar mais de 3000 ciclos de esterilização em autoclave. O PEEK mantém uma elevada resistência mecânica, resiste à fissuração por tensão e tem estabilidade hidrolítica em água quente, vapor, solventes e produtos químicos [14].

1.1.2.3 Aplicações de HPLC (Cromatografia Líquida de Alta Eficiência):

O PEEK tornou-se o padrão de ouro para aplicações científicas analíticas de HPLC devido à sua pureza, elevada pressão de rutura e inércia e resistência química. É também resistente a solventes orgânicos e inorgânicos. Os cromatografistas valorizam o PEEK pela sua força, flexibilidade e facilidade de corte [14].

1.1.2.4 Processamento químico:

Na indústria de processamento de produtos químicos, o PEEK é escolhido por ser inerentemente puro e ter uma excelente resistência química. Ao contrário da maioria dos metais, como o aço inoxidável ou o alumínio, o PEEK pode ser utilizado em aplicações de serviço contínuo de longa duração, praticamente sem níveis de contaminação introduzidos nos produtos químicos que estão a ser processados. Foi demonstrado que o PEEK supera os polímeros fluorados com a sua excelente resistência à fadiga e propriedades mecânicas gerais [14].

2.7 Fibra de carbono:

Os reforços de FC estão disponíveis para a indústria de compósitos desde a década de 1960, quando fibras de alta resistência e alto módulo foram desenvolvidas pela primeira vez no Royal Aircraft Establishment em Farnborough. A FC é produzida através da carbonização de um precursor de fibra a uma temperatura entre 1000°C e 3500°C [54].

As FC têm geralmente excelentes propriedades de tração, baixas densidades, elevada estabilidade térmica e química na ausência de agentes oxidantes, boas condutividades térmica e eléctrica, excelente resistência à fadiga e excelente resistência à fluência. Têm sido amplamente utilizadas em compósitos sob a forma de tecidos, pré-impregnados, fibras contínuas/enrolamentos e fibras cortadas [55].

A utilização de FC está a aumentar numa série de aplicações, incluindo a indústria aeroespacial, artigos de desporto e uma série de aplicações comerciais/industriais. O crescimento é mais rápido nas aplicações comerciais/industriais, em que **o quadro 2.3**

apresenta uma estimativa do consumo global de FC [56].

Tabela (2.3): Estimativa do consumo global de FC [56].

	1999 (toneladas)	2004 (toneladas)	2006 (toneladas)	2008 (toneladas)	2010 (toneladas)
Aeroespacial	4,000	5,600	6,500	7,500	9,800
Industrial	8,100	11,400	12,800	15,600	17,500
Artigos de desporto	4,500	4,900	5,900	6,700	6,900
Total	16,600	21,900	25,200	29,800	34,200

2.8 Fibras de vidro:

O vidro é, de longe, a fibra mais utilizada, devido à combinação de baixo custo, resistência à corrosão e, em muitos casos, potencial de fabrico eficiente. Tem uma rigidez relativamente baixa, um alongamento elevado, uma resistência e um peso moderados e um custo geralmente inferior ao de outras fibras. Tem sido muito utilizada quando a resistência à corrosão é importante; a sua utilização é limitada em aplicações de alto desempenho devido à sua rigidez relativamente baixa, baixa resistência à fadiga e rápida degradação das propriedades com a exposição à humidade [57].

Os compósitos de plástico reforçado com fibra de vidro (GFRP) estão a ser utilizados num grande número de aplicações diversas, desde a indústria aeroespacial ao equipamento desportivo. Os compósitos de GFRP estão sujeitos a diferentes ambientes de trabalho quando são colocados em serviço. O comportamento mecânico do compósito de matriz polimérica é particularmente afetado pelas condições ambientais [58].

A fibra de vidro existe em vários tipos, sendo os mais comuns o E (elétrico) e o S (alta resistência). O vidro E oferece excelentes propriedades eléctricas e durabilidade, sendo um reforço de uso geral mais barato. O vidro S oferece maior resistência, rigidez e tolerância a altas temperaturas. São consideravelmente mais caras do que a fibra de vidro E. **A Tabela 2.4** mostra as gamas típicas de composição da fibra de vidro (% em peso) [56].

Tabela (2.4): Gamas típicas de composição de fibra de vidro (Wt %) [56].

Óxido (%)	Vidro A	Vidro C	Vidro D	E-glass	AR- vidro	Vidro R	Vidro em S
SiO_2	63-72	64-68	72-75	52-62	55-75	55-60	64-66
Al_2O_3	0-6	3-5	0-1	12-16	0-5	23-28	24-25
B_2O_3	0-6	4-6	21-24	0-10	0-8	0-0.35	-
CaO	6-10	11-15	0-1	16-25	1-10	8-15	0-0.2
MgO	0-4	2-4		0-5		4-7	9.5-10
BaO		0-1	-	-	-	-	-
Li_2O	-	-	-	-	0-1.5	-	-
Na_2O + K_2O	14-16	7-10	0-4	0-2	11-21	0-1	0-0.2
TiO_2	0-0.6	-	-	0-1.5	0-12	-	-
ZrO_2	-	-	-	-	1-18	-	-
Fe_2O_3	0-0.5	0-0.8	0-0.3	0-0.8	0-5	0-0.5	0-0.1
F_2	0-0.4	-	-	0-1	0-5	0-0.3	-

2.9 Propriedades mecânicas:

As propriedades mecânicas dos polímeros variam significativamente de polímero para polímero, em resultado da estrutura atómica e da força de ligação. Muitas das propriedades dos polímeros são medidas e registadas da mesma forma que as dos materiais metálicos. A tensão-deformação, o módulo de elasticidade, a resistência, a fluência, a fratura, a dureza, etc. têm o mesmo significado para os polímeros e para os metais [59]

2.9.1 Resistência à tração:

As caraterísticas de tração a curto prazo de um material são provavelmente as mais frequentemente derivadas de todas as propriedades que podem ser determinadas. As caraterísticas de tensão-deformação de tração são obtidas através da monitorização da força necessária para separar um material e do deslocamento que o material sofre como resultado da força aplicada a uma taxa de deformação constante. **A Fig.2.6** mostra a curva tensão-deformação [60].

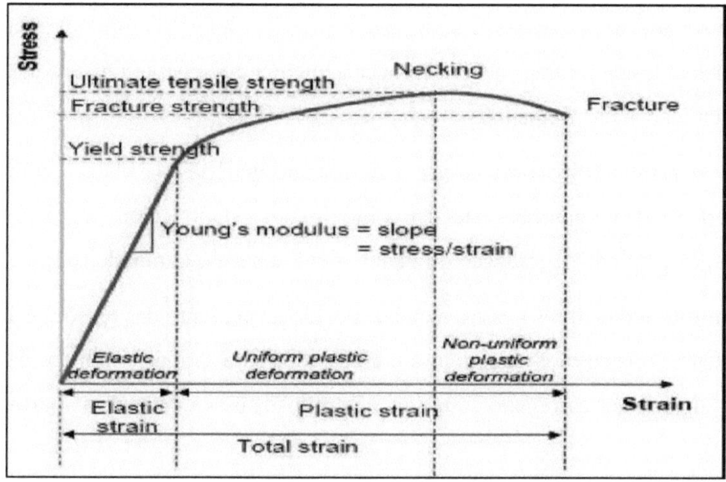

Fig. (2.6): Curva tensão-deformação de engenharia [60].

2.9.1.1 Factores que afectam a forma e a magnitude da curva tensão-deformação

❖ Fator metalúrgico:

Composição, tratamento térmico e historial prévio de deformação plástica.

❖ Condição de teste:

Taxa de deformação, velocidade de tração, temperatura do exame, estado de tensão, teor de humidadc [61].

2.9.2 Dano por fadiga:

O fenómeno de degradação das propriedades de um material devido à aplicação de cargas que flutuam ao longo do tempo é designado por fadiga e a falha resultante é designada por falha por fadiga [61].

Em comparação com um material homogéneo e isotrópico com o mesmo comportamento em todas as direcções, as caraterísticas de dano do PMC são muito mais complexas. A razão para isto é que o material e os laminados não são homogéneos e são anisotrópicos [62].

Os danos relacionados com a fadiga começam nas camadas em que a orientação das fibras é diferente da direção da carga, e começam com a iniciação, crescimento e propagação de microfissuras na matriz polimérica. Estas fissuras estendem-se ao longo da espessura da camada. Como resultado destas fissuras, a fibra começa a quebrar e a separar a matriz das fibras perto das extremidades das fibras [62].

Perpendicularmente às primeiras fissuras ocorrem fissuras secundárias na matriz, com comprimento restrito. O dano continua até ser atingido um estado caraterístico de saturação de fissuras, este tipo de degradação do material enfraquece o laminado [62].

O laminado falha por rutura das fibras nessas camadas devido ao aumento das tensões e à degradação da resistência. Os ensaios de fadiga são efectuados para avaliar o número de vezes que um material pode ser carregado com uma determinada carga antes de se partir [62].

O grau de dano num material compósito de matriz polimérica pode ser acompanhado através da medição da diminuição de uma métrica de dano relevante, geralmente a resistência residual ou a rigidez residual [63]. Uma teoria baseada na degradação da resistência residual assume que o dano é acumulado no compósito e que a falha ocorre quando a resistência residual diminui para o nível máximo de tensão cíclica aplicada. **A Fig.2.7** mostra que as teorias de fadiga baseadas na degradação da resistência apresentam três pontos fracos principais: - A vida à fadiga remanescente não pode ser avaliada por avaliação não destrutiva, uma vez que as teorias se baseiam numa métrica de dano que requer a rotura do material para a obter.

- A degradação da resistência residual não é uma medida sensível da acumulação de danos, uma vez que se altera muito lentamente até perto da rotura, altura em que diminui rapidamente.

- É necessária uma caraterização experimental exaustiva para cada laminado e sistema de material, de modo a estabelecer uma base de dados abrangente para a resistência residual [63].

As tentativas para ultrapassar os pontos fracos das teorias de degradação da resistência envolveram métricas de danos que podem ser medidas utilizando técnicas não destrutivas, como a degradação da rigidez. Além disso, as alterações de rigidez são geralmente maiores do que as alterações de resistência residual durante a vida à fadiga do compósito, como se mostra esquematicamente na **Fig. 2.7** [63].

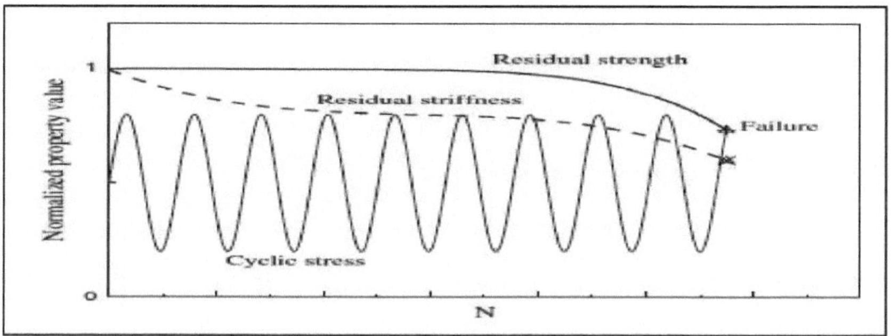

Fig. (2.7): As teorias de fadiga baseadas na degradação da resistência [63].

2.9.2.1 Fases da fratura por fadiga:

O processo de fadiga é composto por três fases, como mostra a **Fig. 2.8**.

1- Danos iniciais por fadiga que levam à nucleação e iniciação de fissuras.

2 - Crescimento cíclico progressivo de uma fenda (propagação da fenda) até que a secção transversal não fendilhada remanescente de uma peça se torne demasiado pequena para suportar as cargas impostas.

3-Finalmente, fratura súbita das restantes secções transversais [64].

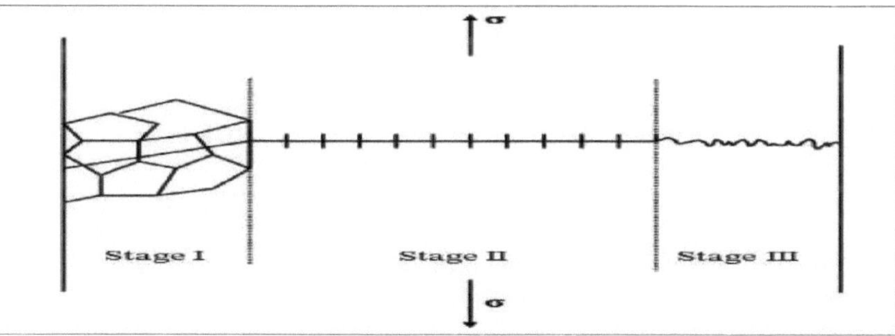

Fig. (2.8): Fases da Fratura por Fadiga [64].

2.9.2.2 Iniciação de fissuras por fadiga:

As fissuras de fadiga iniciam-se nos pontos de tensão máxima local e de resistência mínima local. A iniciação da fenda ocorrerá numa estrutura de um componente real numa região crítica correspondente a uma elevada concentração de tensões, como uma descontinuidade devida a uma mudança de secção, na zona afetada pelo calor de uma junta soldada ou devido a um mau acabamento superficial [65]. O número de ciclos desta fase depende do nível de tensão e da geometria do componente ou da amostra. Se estiver presente um entalhe agudo, a fase de iniciação pode ser muito curta [66].

2.9.2.3 Propagação de fissuras por fadiga:

Existem duas formas de avaliar o comportamento à fadiga. A primeira consiste em ensaiar os provetes para obter uma curva S-N. A segunda abordagem fornece informações sobre o progresso da falha [67].

2.9.2.4 Fratura por fadiga final:

É uma fase de crescimento instável de fendas, imediatamente antes da falha dos espécimes. A fenda em crescimento reduz a área não fendilhada do espécime o suficiente para que a carga de pico cause um comportamento de carga limite totalmente plástico [68].

2.9.2.5 Caraterísticas da fissuração por fadiga:

Uma superfície de fratura por fadiga tem normalmente um aspeto caraterístico com duas ou três regiões distintas e reconhecíveis. Na maioria dos casos, as fissuras de fadiga têm origem na superfície. A região que circunda a origem tem uma aparência lisa e sedosa. Um exame cuidadoso desta parte lisa da superfície da fratura revela frequentemente a existência de anéis concêntricos ou marcas de praia à volta do núcleo da fratura e de linhas radiais que emanam dele. **A Fig. 2.9** mostra uma representação esquemática da fissuração por fadiga. A superfície de fratura da zona de rutura final depende do facto de a fratura ser frágil ou dúctil [67].

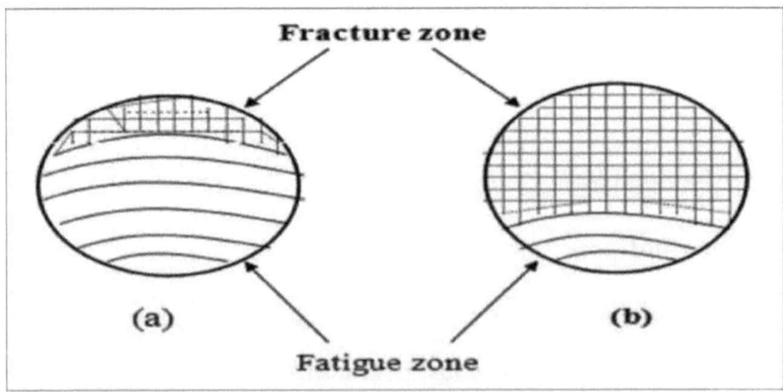

Fig. (2.9): Zonas de fratura por fadiga [67].

2.9.2.6 Metodologias de fadiga:

Com uma carga cíclica, existe uma tensão mínima e uma tensão máxima por ciclo, que são indicadas com os subscritos min e max, respetivamente. **A Fig. 2.10** ilustra o ciclo de carga e as variáveis que o descrevem. Esta conversão deve incluir o tratamento tanto da tensão média (σ_m), como da amplitude de tensão, também designada por tensão alternada (σ_a). A tensão média e a amplitude de tensão são definidas como [69]:

- Constant stress range: $\Delta\sigma = \sigma_{max.} - \sigma_{min.}$ ....(2.1)
- Mean stress: $\sigma_m = \frac{\sigma_{max.}+\sigma_{min.}}{2}$ ....(2.2)
- Stress amplitude: $\sigma_a = \frac{\Delta\sigma}{2} = \frac{\sigma_{max.}-\sigma_{min.}}{2}$ ....(2.3)

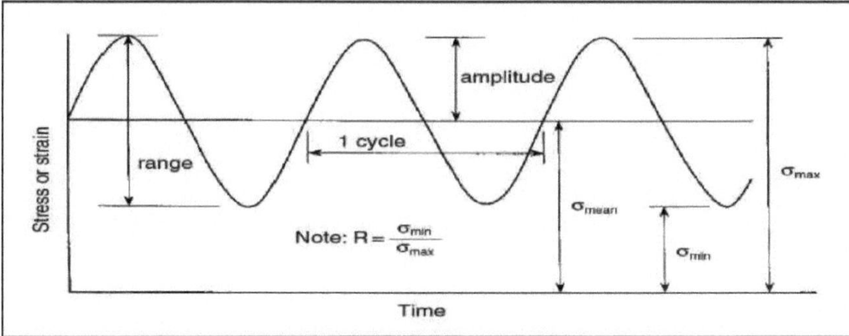

Fig. (2.10): As variáveis de tensão para um ciclo de carga [69].

O rácio de tensão R é definido pela equação de fluxo:

$$R = \frac{\sigma_{min.}}{\sigma_{max.}} \quad .... (2.4)$$

Os níveis de tensão cíclica aplicados (σ) são avaliados pelo seu sinal algébrico de modo a que R possa ser definido para o tipo de carregamento. Na **Fig. 2.11** apresentam-se exemplos de algumas formas de onda de carga sinusoidais comuns, que são [70]:

a. carga de tensão-tensão: $0<R<1$,

b. carga de compressão-compressão: $1 < R < +\infty$,

c. carga de tensão zero: $R=0$,

d. carga de compressão zero: ($R = -\infty$) e,

e. carga de tensão-compressão: ($-\infty < R < 0$).

Para a maioria dos materiais compósitos, as condições de carga mais severas são as cargas de tensão-compressão totalmente invertidas R= -1. Sob ciclos de carga de fadiga de tração, muitas das camadas laminadas podem desenvolver danos; enquanto que no ciclo de compressão, ocorrerá a flambagem da camada.

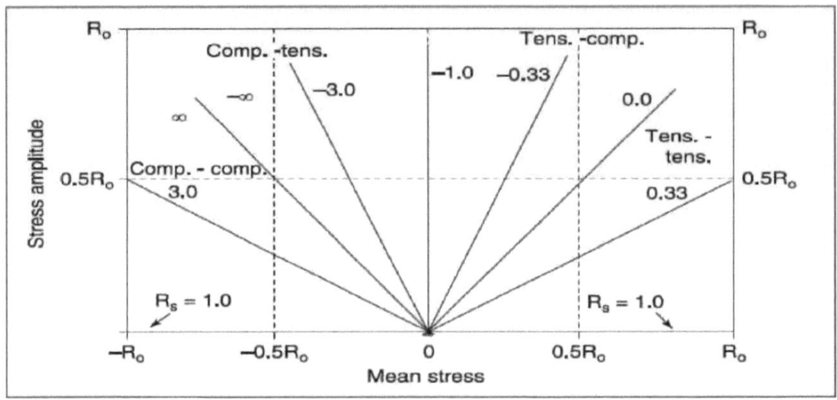

Fig. (2.11): Diagrama de vida constante mostrando linhas de razão de tensão constante R [70].

Quando a amplitude da tensão de fadiga é baixa em comparação com a resistência estática, o ensaio é designado por "ensaio de fadiga de ciclo elevado", porque a amostra irá suportar a carga durante um grande número de ciclos. Quando a amplitude da tensão de fadiga é uma grande percentagem da resistência estática, o ensaio é designado por "ensaio de fadiga de baixo ciclo".

2.9.2.7 Curva S - N:

Uma das formas mais explícitas e diretas de representar dados experimentais de fadiga é o diagrama S-N, como se pode ver na **Fig. 2.12**. É preferível a outras abordagens para a modelação da vida à fadiga de materiais compósitos FRP, por exemplo, as que se baseiam na degradação da rigidez ou em medições da propagação de fendas durante o tempo de vida, uma vez que requer dados de entrada (carga aplicada e ciclos correspondentes até à rotura) que podem ser recolhidos utilizando dispositivos de registo muito simples [63].

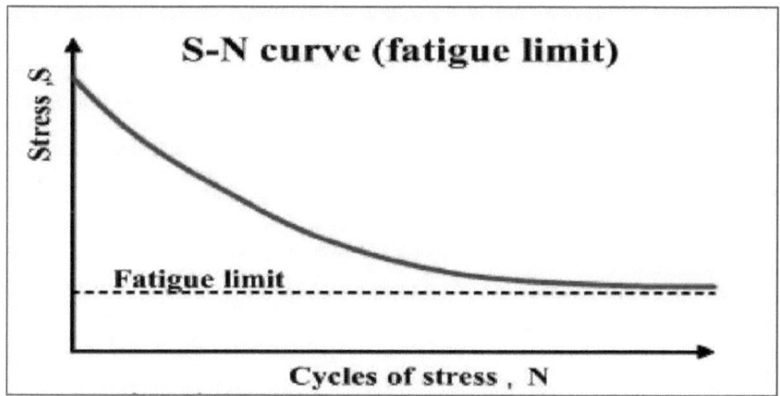

Fig. (2.12): Curva S-N [63].

A vida à fadiga é o número de tensões cíclicas que causam a falha do material. A frequência destas tensões não é importante, uma vez que o limite de fadiga de um material é muito inferior à sua resistência à tração final [70].

O limite de fadiga é o valor máximo da tensão aplicada repetidamente que o material pode suportar após um número infinito de ciclos (10-20 min. ciclos na prática).

A resistência à fadiga a N ciclos é a carga que produz a fratura do material após N ciclos de aplicação da carga [70].

Um determinado material tem um limite de fadiga ou limite de resistência que é utilizado para obter uma vida infinita ou um projeto de tensão seguro. O limite de fadiga é afetado por vários factores, tais como: temperatura, concentração de tensões, sensibilidade ao entalhe, dimensão e ambiente.

A partir das curvas S-N é possível notar uma variação na vida à fadiga em que a vida à fadiga pode ser obtida pela potência da lei de regressão [35]:

$$\sigma_a = A \times N^{-b} \qquad \text{Basquin equation} \; \ldots\ldots\ldots\ldots\ldots \; (2.5)$$

Onde;

σ_a : é a amplitude da tensão de fadiga (MPa),

N : é o número de ciclos até à rotura (MPa), e

A e b: são constantes que dependem do material.

O coeficiente A é aproximadamente igual à resistência à tração. O coeficiente b é o expoente da resistência à fadiga. Estes coeficientes podem ser avaliados através da linearização da lei de potência na forma logarítmica. O valor do limite de fadiga não é claramente óbvio na curva S-N; por conseguinte, o limite de fadiga pode ser calculado utilizando a equação de estimativa da vida à fadiga em 10 ciclos^6 [35].

Uma vez que as curvas S-N não podem ser traçadas utilizando um único provete, foram utilizados sete provetes neste ensaio e cada provete representava uma média de três amostras. Este provete não pode ser colocado em repouso durante o ensaio devido à geração de tensões residuais, obtendo-se assim resultados imprecisos.

O parâmetro mais importante que foi calculado a partir da análise numérica é o tempo de vida à fadiga, onde foi efectuada a comparação entre os resultados experimentais e numéricos. A equação do erro médio global é utilizada para comparar os resultados experimentais com os resultados numéricos, onde os cálculos podem ser apresentados na seguinte equação [71].

$$Overall\ average\ error = \frac{\sum_{i=1}^{n} \left| log(N_{i(exp)}) - log(N_{i(num)}) \right|}{\sum_{i=1}^{n} log(N_{i(exp)})} \times 100\ \% \ldots\ldots\ldots (2.6)$$

Onde;

N: é o número de ciclos até à falha,

n: é o número de espécimes em cada curva.

O limite de fadiga numérico pode ser obtido a partir da equação da curva S-N a 10 ciclos^6 . Nesta tabela, o erro percentual entre o trabalho experimental e a análise numérica também é listado, o qual também é calculado pela seguinte equação;

$$Percentage\ error = \frac{\sigma_{e\,(exp)} - \sigma_{e\,(num)}}{\sigma_{e\,(exp)}} \times 100\ \% \ldots\ldots\ldots\ldots\ldots\ldots\ldots\ldots (2.7)$$

2.9.2.8 Parâmetros da configuração de fadiga:

- Nos materiais compósitos, a não homogeneidade resultante da distribuição das fibras pode ser tão grande que influencia a resposta à fadiga de uma amostra.
- A escolha de uma forma de provete adequada é fortemente influenciada pela natureza

caraterística do compósito que está a ser ensaiado e tem dado origem a algumas dificuldades [72].

- A natureza do esforço de fadiga (tensão/compressão/cisalhamento).
- O rácio de tensão é um parâmetro muito importante nos ensaios de fadiga.
- As experiências de fadiga podem ser controladas por carga ou por deformação.
- A frequência é um parâmetro muito importante.
- As condições ambientais podem desempenhar um papel importante. Bach (1996) provou que a humidade tem um efeito significativo no desempenho à fadiga dos plásticos reforçados com fibra de vidro.
- Os carregamentos de fadiga em serviço, tal como actuam numa estrutura compósita real, raramente são reproduzidos em ensaios laboratoriais, principalmente devido a duas razões: (i) a maioria das máquinas de ensaio à fadiga não estão equipadas para condições de carga tão complexas; e (ii) os carregamentos de fadiga em serviço são frequentemente conhecidos de forma insuficiente. Por conseguinte, as cargas de fadiga em serviço são substituídas por espectros de carga representativos e normalizados para efeitos de ensaios de fadiga [72].

2.9.3 Resistência ao impacto:

Decididamente, os ensaios de impacto têm recebido uma atenção considerável nas normas oficiais, nas fichas de dados dos materiais e na literatura, porque as propriedades de impacto dos materiais plásticos estão diretamente relacionadas com a tenacidade global do material [60].

Os ensaios de impacto consistem em atingir um espécime adequado com um golpe controlado e medir a energia absorvida na flexão ou quebra do espécime. O valor da energia indica a tenacidade do material a ensaiar. O conceito de "tenacidade" é um conceito que a maioria das pessoas pode facilmente apreciar e uma definição amplamente aceite é o trabalho realizado na quebra de uma peça ou objeto de ensaio [73].

2.9.3.1 Factores que afectam a resistência ao impacto:

Taxa de carregamento, temperatura, sensibilidade ao entalhe, cargas, orientação, condições de processamento, peso molecular e grau de cristalinidade [74].

2.9.4 Dureza:

O termo dureza é geralmente entendido como uma medida de módulo derivada da resistência do material à indentação, mas também tem sido aplicado à resistência ao risco e à resiliência. Os ensaios de dureza são atractivos devido à sua aparente simplicidade e, sob várias formas, foram concebidos métodos para a maioria dos tipos de materiais. Embora a dureza esteja quase inevitavelmente incluída nas propriedades das borrachas e seja muito comummente aplicada aos metais, tem sido utilizada com menos frequência para a resistência a riscos e a resiliência. Tem sido utilizada com menos frequência para os plásticos. Isto deve-se provavelmente ao facto de não ter sido considerada como tendo o mesmo significado para a caraterização dos plásticos [75].

2.9.4.1 Durómetro Shore:

A escala mais popular é provavelmente a dureza durométrica Shore nas suas duas variantes principais, Shore A e Shore D, como se mostra na **Fig. 2.13**. A dureza dos polímeros (borrachas, plásticos) é normalmente medida pelas escalas Shore. A escala Shore A é utilizada para testar elastómeros macios (borrachas) e outros polímeros macios. A dureza dos elastómeros duros e da maioria dos outros materiais poliméricos (termoplásticos, termoendurecíveis) é medida pela escala Shore D [76].

Ambas as variantes Shore comuns estão normalizadas na norma ISO 179. Para os plásticos macios, é utilizada a escala Shore A. Neste método, o indentador consiste num cone truncado de ângulo incluído de 35° e diâmetro no plano de 0,79 mm, funcionando sob uma pressão de mola dada por: [60].

$$F = 550 + 75\ H_a \ldots\ldots\ldots\ldots\ldots (2.8)$$

Onde F é a força aplicada em N e Ha é a dureza.

A escala Shore D é adequada para materiais plásticos tipicamente mais duros. Esta escala tem um indentador mais agudo de ângulo incluído de 30° com uma ponta apenas ligeiramente arredondada (0,1 mm de raio) e funciona com uma mola dada por: [60].

$$F = 445\ Hd \ldots\ldots\ldots\ldots\ldots (2.9)$$

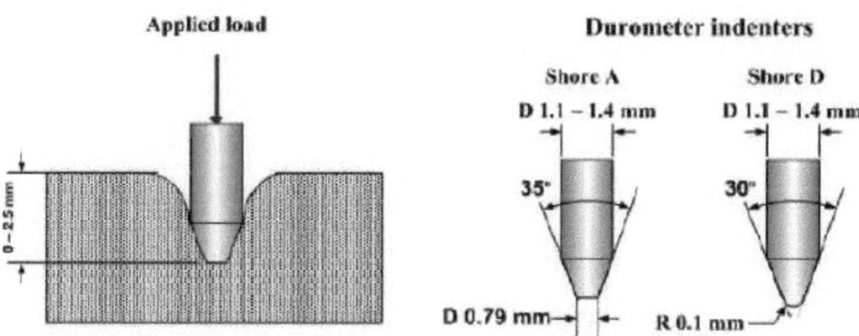

Fig. (2.13): Durómetro Shore [60].

2.10 Propriedades térmicas:

A propriedade térmica é a resposta de um material à aplicação de calor. Quando um sólido absorve energia sob a forma de calor, a sua temperatura sobe e as suas dimensões aumentam. A energia pode ser transportada para regiões mais frias do provete. Se existirem gradientes de temperatura, o provete pode fundir-se [72].

2.10.1 Calorimetria Exploratória Diferencial (DSC):

Uma técnica que permite explorar o comportamento térmico dos polímeros, nomeadamente as alterações que ocorrem num polímero após aquecimento, ou seja, a fusão de um polímero cristalino ou a transição vítrea. A configuração DSC é composta por duas partes essenciais: uma câmara de medição e um computador que permite monitorizar a temperatura e regular o fluxo de calor. Na câmara de medição são colocados dois recipientes:

- O plano de amostragem, onde se encontra a amostra objeto do inquérito.
- O recipiente de referência, que normalmente é deixado vazio.

Cada panela é colocada na parte superior de um aquecedor. Através de uma interface de computador, é possível selecionar a taxa de aquecimento das duas panelas; normalmente, esta é definida para 10 °C/min. A adsorção de calor será diferente nas duas panelas devido à diferente composição das mesmas. Para manter a temperatura dos dois recipientes constante durante a experiência, o sistema precisa de fornecer mais ou menos calor a um dos dois recipientes. O resultado da experiência DSC é a quantidade adicional de calor que é fornecida à panela para manter a temperatura das duas panelas igual [77].

2.10.1.1 Temperatura de transição vítrea:

Tg: é definida como a temperatura à qual as propriedades mecânicas de um plástico se alteram radicalmente devido ao movimento interno das cadeias poliméricas que formam o plástico. Neste ponto, as propriedades mecânicas do polímero mudam das de uma borracha (elásticas) para as de um vidro (quebradiças). Abaixo da temperatura de transição vítrea, os movimentos disponíveis das cadeias poliméricas são limitados, mas acima da transição vítrea são acessíveis mais movimentos [77].

2.10.1.2 Temperatura de cristalização:

Acima da transição vítrea, as cadeias de polímero possuem uma mobilidade notável. As cadeias de polímeros agitam-se e contorcem-se, e nunca permanecem numa posição durante muito tempo. Quando atingem a temperatura correta, ganharam energia suficiente para se moverem em arranjos muito ordenados, a que chamamos cristais. Quando os polímeros caem nestes arranjos cristalinos, libertam calor para o sistema, pelo que o processo é exotérmico [77].

2.10.1.3 Temperatura de fusão:

Na Tm, as cadeias podem mover-se livremente, pelo que não possuem um arranjo ordenado. Aquando da fusão, os polímeros absorvem calor, pelo que a fusão é uma transição endotérmica. A fusão é uma transição de primeira ordem, uma vez que quando a temperatura de fusão é atingida, a temperatura do polímero não aumenta até que todos os cristais estejam completamente fundidos [77]. **A Fig. 2.14** ilustra o gráfico DSC que inclui todos estes três tipos de transições.

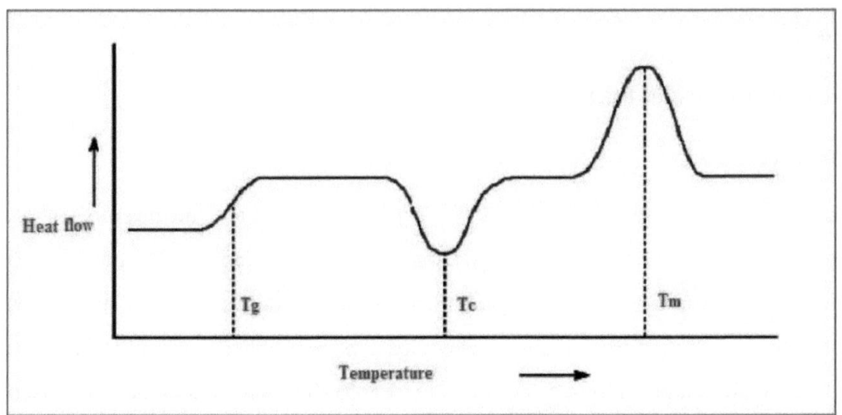

Fig. (2.14): Gráfico DSC que inclui todos estes três tipos de transições [77].

Capítulo III

Modelação e simulação numérica do modelo de fadiga

3.1 Introdução:

Devido à necessidade de reduzir o tamanho e o peso do sistema e, ao mesmo tempo, aumentar o desempenho, os materiais compósitos desempenham um papel importante no fabrico de aeronaves. O fabrico dos materiais compósitos e os seus ensaios sob cargas dinâmicas como a fadiga requerem custos elevados e estes problemas são ultrapassados recorrendo à possibilidade massiva do computador, como altas velocidades e alta precisão nos cálculos, onde os programas disponíveis dependem de FEMs na conceção e análise de tais ABQUAS, ANSYS, etc.

O presente trabalho centrou-se no estudo do comportamento à fadiga e das teorias de falha à fadiga para materiais compósitos de alto desempenho de PEEK como matriz reforçada com 30% de fibras de carbono e de vidro. Para além disso, este estudo incluiu a simulação do modelo de fadiga e a comparação entre os resultados teóricos e práticos para amostras sem entalhe e com entalhe, em que o entalhe tem a forma de (V) e a sua profundidade é de 1mm num ângulo de 45º.

O MEF é um método numérico para resolver uma equação diferencial ou integral. Tem sido aplicado a uma série de problemas físicos, em que as equações diferenciais governantes estão disponíveis. O método consiste essencialmente em assumir a função contínua por partes para a solução e obter os parâmetros das funções de forma a reduzir o erro na solução. Neste artigo, é apresentada uma breve introdução ao MEF. O método é ilustrado com a ajuda da formulação da tensão plana e da deformação plana [78].

Atualmente, o MEF é considerado como uma das técnicas mais bem estabelecidas e convenientes para a solução computacional de problemas complexos em diferentes domínios da engenharia. Por outro lado, o MEF é muito mais poderoso do que outras abordagens numéricas, especialmente na área da mecânica dos sólidos, devido às suas capacidades que incluem fronteiras geométricas complexas e propriedades não lineares dos materiais [79].

Ao reunir as matrizes de rigidez dos elementos e os correspondentes vectores de carga, pode obter-se um sistema de equações algébricas com a seguinte forma

$$\{F\} = [K]\,[X] \qquad \text{.............. (3.1)}$$

Onde:

{F} é o vetor de carga global,

[K] é a matriz caraterística global, e

[X] é o vetor global da variável de campo.

O procedimento de montagem baseia-se no requisito de compatibilidade e equilíbrio nos nós dos elementos. Geralmente, o processo de montagem é realizado através da adição dos termos da matriz do elemento e do vetor de carga às suas posições correspondentes na matriz caraterística global [K]. A posição correspondente na matriz de rigidez global pode ser encontrada considerando o número local dos nós dentro do elemento e o seu número global no sistema de equações [32].

3.2 Software ANSYS.14:

O objetivo final da FEA é recriar matematicamente o comportamento de um sistema de engenharia real. Por outras palavras, a análise deve ser um modelo matemático preciso de um protótipo físico. No sentido mais lato, o modelo inclui todos os nós, elementos, propriedades dos materiais, constantes reais/condições de fronteira e outras caraterísticas que são utilizadas para representar o sistema físico [35].

3.3 Análise de fadiga:

A análise de fadiga ajuda os projectistas a prever a vida útil do material ou da estrutura, mostrando os efeitos das cargas cíclicas. O ensaio de fadiga foi simulado através da criação de um MEF 3D. Ao resolver uma simulação numérica, a forma, a geometria da amostra e o método de fixação foram tidos em consideração no ensaio prático de fadiga de acordo com as condições laboratoriais.

A modelação do provete de fadiga é representada utilizando o ANSYS.14, que utiliza sete passos, como se mostra a seguir:

1. Definição do processo de simulação

2. Definição das propriedades do material,
3. Construir a geometria como um modelo,
4. Definição dos tipos de elementos e criação da malha do modelo,
5. Definição das condições de carga e de fronteira,
6. Selecione Tipo de análise, e
7. Resolver e obter os resultados

3.3.1 Definir o processo de simulação (selecionar o tipo de análise):

A estrutura estática é provavelmente a aplicação mais comum do MEF. O termo estrutura implica não só estruturas de engenharia civil, como pontes e edifícios, mas também componentes mecânicos, em que a análise estrutural estática é utilizada para determinar deslocamentos e tensões, sob condições de carga estática [80].

3.3.2 Definição das propriedades do material:

As propriedades dos materiais têm um papel importante na deteção dos tipos de elementos, e estas propriedades incluem

1. Linear ou não linear.
2. Isotrópico, ortotrópico ou anisotrópico.
3. Temperatura constante ou dependente da temperatura.

A maioria das propriedades de materiais como o aço, o alumínio, etc., têm caraterísticas de material guardadas no programa. O utilizador pode adicionar um novo material, tal como materiais compósitos e as suas propriedades, utilizando o ANSYS Workbench.

Para completar a modelação do ensaio de fadiga, são necessários muitos parâmetros importantes, como o módulo de Young, o coeficiente de Poisson, a tensão de cedência, a tensão final e a tensão alternada. Por outro lado, o utilizador necessita da curva (S-N) na simulação de fadiga, na qual a curva (S-N) não pode ser prevista matematicamente, tal como as propriedades elásticas, pelo que serão utilizados os resultados experimentais do ensaio de fadiga.

3.3.3 Construir a geometria como um modelo:

Existem duas formas diferentes de criar um modelo:

1. Modelação de sólidos.
2. Produção direta.

Pelo lado positivo, a modelação de sólidos é geralmente adequada para modelos grandes ou complexos, especialmente 3-D de volumes sólidos. Na modelação de sólidos, o modelo pode ser designado pelos limites geométricos, com controlos estabelecidos do tamanho e da forma desejada dos elementos automaticamente, enquanto a geração direta fornece ao utilizador um controlo completo sobre a geometria e a numeração de cada nó e de cada elemento. A modelação de sólidos é consideravelmente o método favorito para a criação de modelos, mais do que a geração direta, porque é poderoso e versátil.

Para criar um modelo de elementos finitos do provete de fadiga utilizando o ANSYS Workbench, o utilizador deve utilizar dimensões semelhantes às dimensões dos provetes experimentais de acordo com o manual da máquina de ensaios de fadiga (HSM20).

O procedimento da geometria do modelo no ANSYS workbench começa por esboçar uma forma retangular de dimensões 50 mm por 5,6 mm e extrudir o retângulo com uma largura de 9,7 mm. Depois, seleciona-se a forma e utiliza-se a opção gerar para obter o corpo completo, como se mostra na **Fig. 3.1** para a causa sem entalhe e **na Fig. 3.2** para a causa com entalhe.

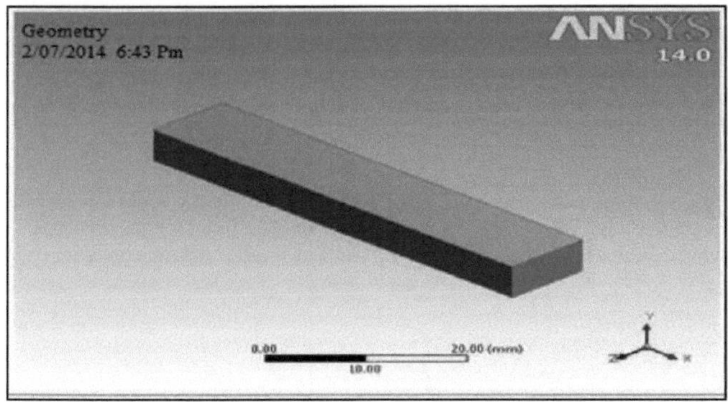

Fig. (3.1): Análise do modelo ANSYS de fadiga da amostra sem entalhe.

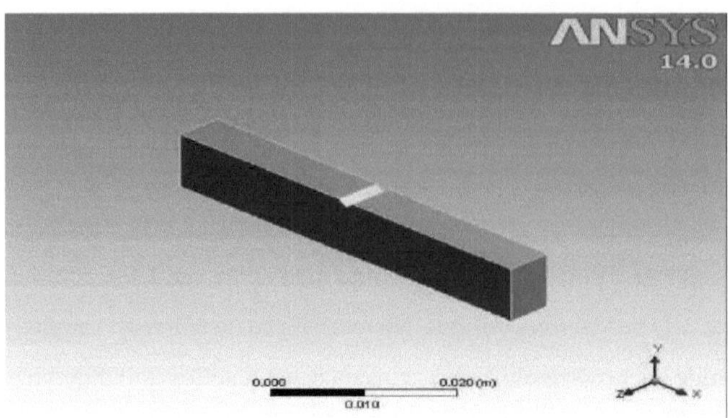

Fig. (3.2): Análise do modelo ANSYS de fadiga para a amostra de entalhe.

3.3.4 Definição dos tipos de elementos e criação da malha do modelo:

Na presente tese, é utilizado um elemento sólido 45 (Brick-8 nós) para a modelação de estruturas sólidas tridimensionais. Este elemento é definido por oito nós com três graus de liberdade em cada nó. Estes nós têm apenas graus de liberdade de translação nas direcções (x, y e z), como se mostra na **Fig. 3.3**.

A geração de malhas é um processo que consiste em dividir o processo de análise em elementos finitos para obter melhores resultados. Quanto mais fina for a malha, mais exactos serão os resultados e maior será o tempo gasto. O objetivo da geração de malhas é criar um número mínimo de elementos de modo a reduzir o tempo de processamento.

O número total de elementos é de 25802 com o número total de nós 113870 para sem causa de entalhe, como mostra a **Fig. 3.4**, enquanto na causa de entalhe, o número total de elementos é de 117592, com o número total de nós 245903, como mostra a **Fig. 3.5.**

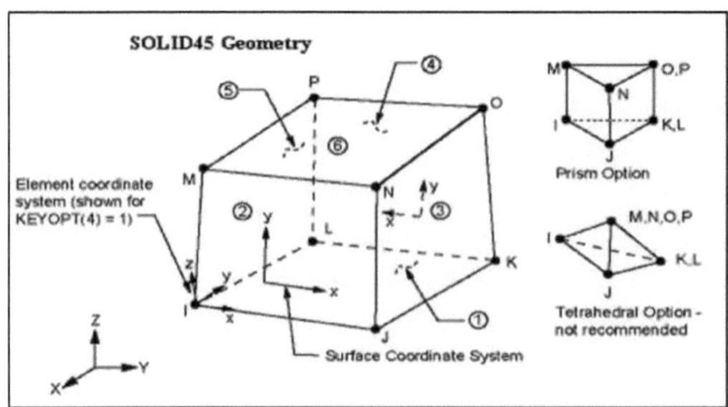

Fig. (3.3): Geometria de 45 elementos sólidos [35].

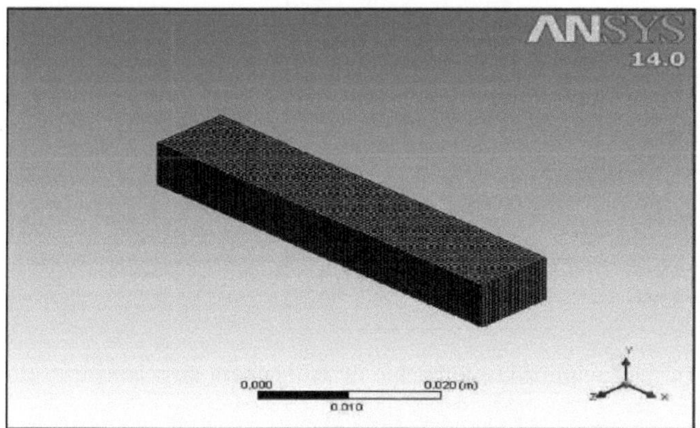

Fig. (3.4): O modelo com malha para sem entalhe

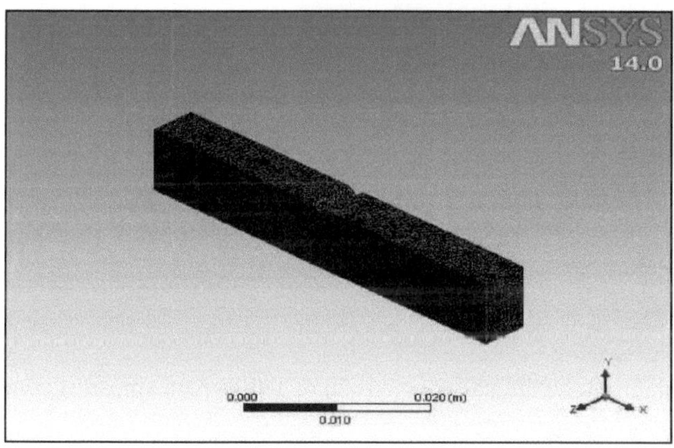

Fig. (3.5): O modelo com malha para entalhe.

3.3.5 Aplicação de condições de carga e de fronteira:

O termo condições de fronteira inclui restrições, apoios ou especificações de campo de fronteira, bem como outras cargas aplicadas externa e internamente. Nesta etapa, o utilizador deve definir a carga no modelo (carga de flexão) e aplicar a carga como um momento numa extremidade através do suporte que está ligado a uma árvore de cames, e fixar o modelo (todos os graus de liberdade iguais a zero) na outra extremidade, como se mostra na **Fig. 3.6** para a amostra sem entalhe e **na Fig. 3.7** para a amostra com entalhe.

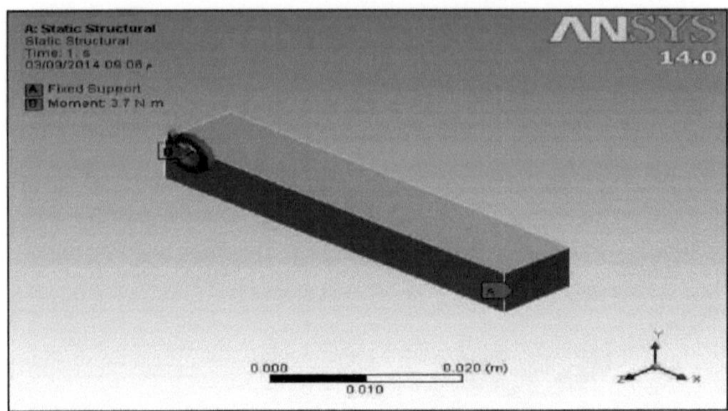

Fig. (3(6) Condições de fronteira aplicadas no ensaio de fadiga para uma amostra sem entalhe.

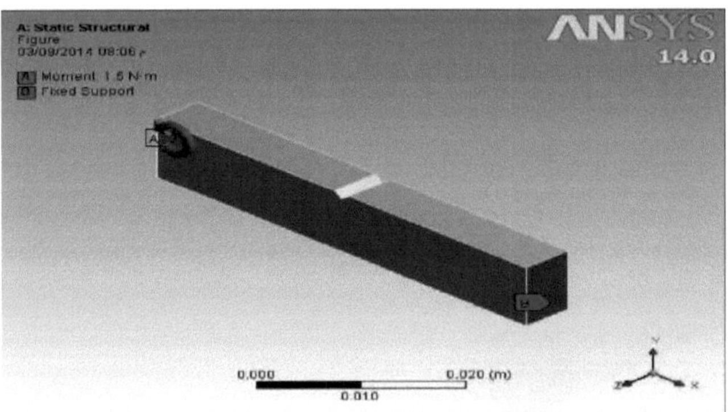

Fig. (3(7) Condições de fronteira aplicadas no ensaio de fadiga para amostras com entalhe.

3.3.6 Selecione o tipo de análise:

As resistências dos materiais sob sistemas de tensão complexos não são geralmente conhecidas, exceto em alguns casos particulares. A função das "teorias da rotura elástica" é prever o comportamento dos materiais num ensaio de tração simples quando a rotura elástica ocorre sob qualquer condição de tensão aplicada [35].

3.3.6.1 Teorias do fracasso:

Todos os materiais têm uma certa resistência, expressa em termos de tensão ou deformação, para além da qual se fracturam ou deixam de suportar a carga. Necessidade das teorias de rotura: (a) Para projetar componentes estruturais e calcular a margem de segurança.

(b) Orientar o desenvolvimento de materiais.

(c) Determinar as direcções fraca e forte [81] .

3.3.6.2 Falha dúctil e frágil dos materiais:

Para alguns objectivos, não é suficiente considerar simplesmente um determinado material como sendo dúctil ou quebradiço em qualquer ou em todas as condições possíveis. Os comportamentos destes tipos dependem também do estado particular de tensão sob o qual o material é levado à rotura. Por exemplo, a pressão sobreposta pode converter o que é normalmente considerado um material frágil num material dúctil para um determinado estado de tensão levado à rotura. Quando uma tensão é aplicada a um objeto, este deforma-se, ou seja, muda de forma e/ou de tamanho. Esta deformação é designada **por elástica** se o objeto voltar à sua forma original depois de a tensão aplicada ter sido removida. A deformação que é permanente é designada **por deformação plástica**. Se a tensão aplicada for aumentada, a quantidade de tensão ou deformação também aumenta [82].

Todos os materiais podem sofrer apenas uma quantidade limitada de deformação elástica, após a qual se instala a deformação plástica ou o material fratura. Os materiais que se fracturam sem qualquer deformação plástica são designados por **materiais frágeis**. Exemplos disso são o vidro e a maioria dos outros materiais cerâmicos. **Os materiais dúcteis** sofrem deformação plástica antes da fratura. Vários factores

determinam se um material se vai comportar de forma dúctil ou frágil. Entre estes factores contam-se:

- A estrutura e a composição do material, ou seja, quais são os átomos que constituem o material, como estão ligados entre si, se existem impurezas, etc.

- A temperatura à qual o material é deformado [83].

Geralmente, as elevadas taxas de deformação e as baixas temperaturas promovem a fratura frágil. A rotura frágil ocorre geralmente muito rapidamente e pode ser catastrófica. Muitos materiais que são dúcteis a altas temperaturas tornam-se frágeis quando arrefecidos abaixo de uma temperatura crítica. Esta temperatura é designada por temperatura de transição dúctil para frágil (DBTT) para os metais e por temperatura de transição vítrea (T_g) para os polímeros. **A Fig. 3.9** mostra a falha de materiais dúcteis e frágeis [83].

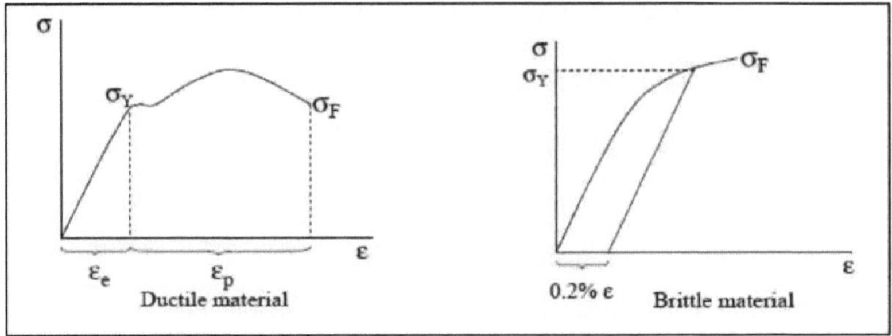

Fig. (3.9): Falha de materiais dúcteis e frágeis [84].

Foram propostos vários critérios teóricos, cada um procurando obter uma correlação adequada entre a vida estimada do componente e a efetivamente alcançada em condições de carga de serviço, tanto para aplicações de materiais frágeis como dúcteis. As teorias de falha estática podem ser descritas na **Fig. 3.10**.

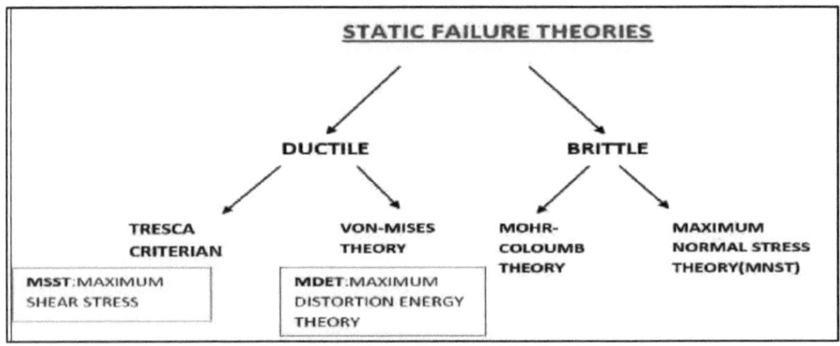

Fig. (3.10): Teorias de Falha Estática [85].

3.3.6.3 Efeito da tensão média:

Dois dos factores mais importantes que têm efeito direto na fadiga são a tensão média e a tensão alternada. Pode ser efectuada uma série de ensaios de fadiga com várias tensões médias e os resultados podem ser representados como uma série de curvas S-N. Isto é conseguido através da representação gráfica da amplitude de tensão admissível para um número específico de ciclos em função da tensão média associada. A uma tensão média nula, a amplitude de tensão admissível é o limite de fadiga efetivo para um número específico de ciclos. À medida que a tensão média aumenta, as amplitudes admissíveis diminuem de forma constante. Para uma tensão média igual à resistência à tração final do material, a amplitude admissível é zero. Existem três teorias que são normalmente utilizadas para prever se um projeto é seguro sob cargas flutuantes e representam as três relações empíricas mais utilizadas para descrever o efeito da tensão média na resistência à fadiga. Estas são as relações entre a tensão alternada (σ_a) e a tensão média (σ_m). As três teorias podem ser expressas em termos matemáticos da seguinte forma [35]:

$$\frac{S_a}{S_e} + \frac{S_m}{S_y} = 1 \qquad \textit{Soderberg's theory} \ldots\ldots..(3.2)$$

$$\frac{S_a}{S_e} + \frac{S_m}{S_{ult}} = 1 \qquad \textit{Goodman's theory} \ldots\ldots\ldots(3.3)$$

$$\frac{S_a}{S_e} + (\frac{S_m}{S_{ult}})^2 = 1 \qquad \textit{Gerber's theory} \ldots\ldots..(3.4)$$

Onde:

S_a: é a tensão alternada,

S_m: a tensão média,

S_e: é o limite de resistência à fadiga,

S_{ult}: é a resistência à tração final, e

S_y: tensão de cedência à tração.

No entanto, uma representação gráfica é considerada muito útil, como mostra a **Fig. 3.11.** Estas três teorias são apresentadas como linhas no diagrama, em que o eixo horizontal é a tensão média *(S_m)* e o eixo vertical é a tensão alternada *(S_a)*. Note-se que o limite de resistência (S_e) está representado no eixo vertical. Além disso, a tensão de cedência *(S_y)* foi representada nos eixos horizontal e vertical, e foi traçada uma linha de cedência para garantir que esta limitação de projeto não é omitida [35].

A linha que liga o limite de resistência (S_e) à resistência à tração final *(S_{ult})* representa a teoria de Goodman. Além disso, a linha que liga o limite de resistência (S_e) com a tensão de cedência (S_y) representa a teoria de Soderberg. Mas para a teoria de Gerber, a curva que liga o limite de resistência (S_e), com a resistência à tração final *(S_{ult})* representa a teoria de Goodman que se comporta de forma curva devido ao expoente quadrado na segunda parte da eq. (3.4).

A partir da **Fig. 3.11**, podem ser feitas várias observações importantes. Em primeiro lugar, a teoria de Soderberg é a mais conservadora das três apresentadas e é a única que se encontra completamente abaixo da linha de cedência. Em segundo lugar, a linha de Gerber ajusta-se aos dados de ensaio disponíveis que são os melhores das três teorias, no entanto, é a mais difícil de desenhar com exatidão [35]. A análise de fadiga que é apresentada neste trabalho baseia-se na teoria de Soderberg, que é considerada a teoria mais segura das outras, com menor número de ciclos, bem como o facto de a tensão de cedência estática não ser excedida, e esta relação alcançará condições que não causam falha por fadiga ou cedência.

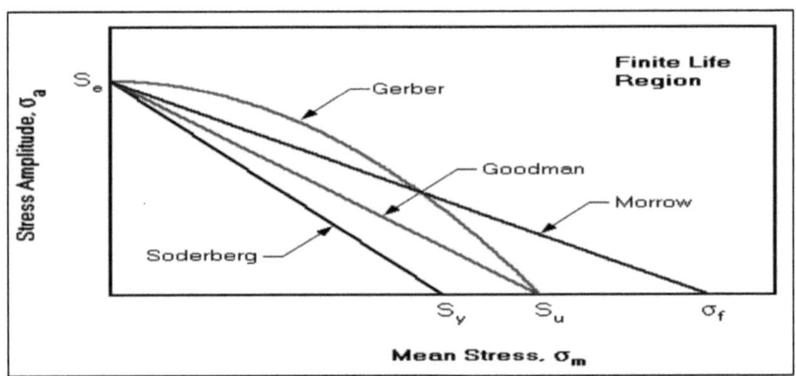

Fig. (3.11): Representação gráfica das teorias de Gerber, Goodman e Soderberg [35].

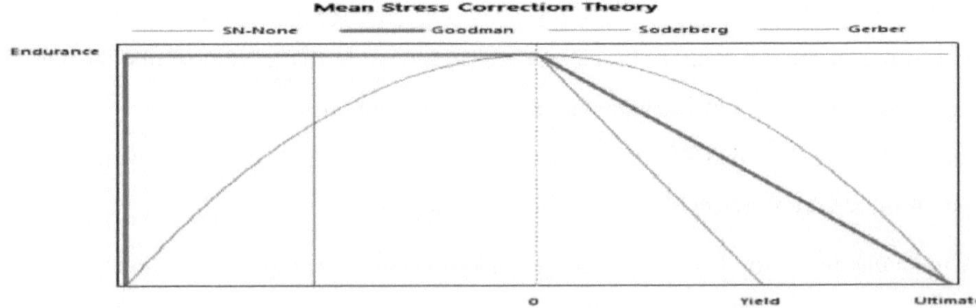

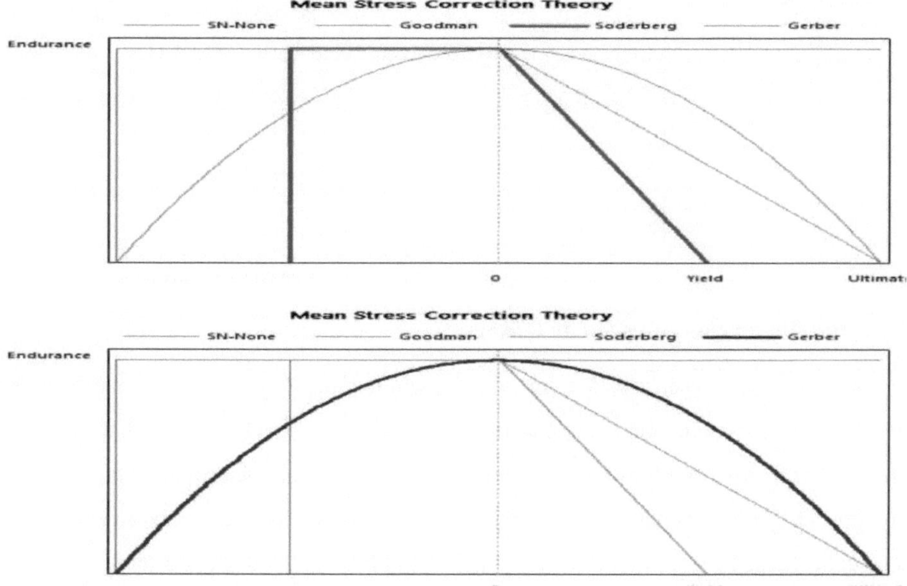

Fig. (3.12): Teorias de Falha por Fadiga [86].

Tabela (3.1): Comparação entre as Teorias do Stress Médio

Artigo	Teoria	carácter
1	**Goodman**	• Representa a linha que liga o limite de resistência (S_e) com a resistência à tração final (S_{ult}), como mostra a **Fig. 3.11.** • A maioria dos dados experimentais situa-se entre as teorias de Goodman e Gerber. - É uma escolha adequada para materiais frágeis. - A teoria de Goodman não é afetada por tensões médias negativas.
2	**Soderberg**	• Representa a linha que liga o limite de resistência (S_e) à tensão de cedência (S_y), como mostra a **Fig. 3.11**. • É normalmente a teoria mais conservadora e é a única que está completamente abaixo da linha de rendimento. • A teoria de Soderberg não é afetada por tensões médias negativas.
3	**Gerber**	- Segundo a teoria de Gerber, a curva que liga o limite de resistência (S_e) à tensão de rutura (S_{ult}) representa a

		Teoria de Goodman que se comporta de forma curva devido ao expoente quadrado na segunda parte da eq., como mostra a **Fig. 3.11.** • A maioria dos dados experimentais situa-se entre as teorias de Goodman e Gerber. • A teoria de Gerber é normalmente uma boa escolha para materiais dúcteis. - A teoria de Gerber é afetada por tensões médias negativas

3.3.6.4 Efeito da concentração de tensões:

A distribuição da tensão elástica em torno de um entalhe é determinada pela forma do entalhe, e a caraterística mais importante é a elevação das tensões na vizinhança da raiz do entalhe. Se a tensão limite elástica máxima criada por um determinado entalhe num provete carregado uniaxialmente (longitudinalmente) for conhecida, a relação entre a raiz do entalhe (σ_{max}) e a tensão elástica nominal (σ) aplicada ao provete, ou seja (σ_{max} / σ), é normalmente designada por (k_t). O fator geométrico de concentração de tensões elásticas é também conhecido. O fator de concentração de tensões fornece uma descrição conveniente de um único parâmetro da condição de tensão na raiz de um entalhe, mas a sua utilidade é limitada porque não fornece informações sobre a distribuição de tensões em torno do entalhe. Os efeitos de redução da resistência dos entalhes são de importância óbvia no projeto e na previsão da vida útil e existe uma grande quantidade de dados que comparam a resistência dos espécimes de fadiga entalhados com a dos espécimes lisos. A relação entre a resistência à fadiga simples e a resistência ao entalhe é designada por fator de redução da resistência e é denotada por (k_f). A presença de um entalhe de raio de raiz pequeno não reduz a resistência à fadiga na medida esperada a partir de uma consideração da magnitude do fator teórico de concentração de tensão k_t. A sensibilidade experimental à fadiga, q, pode ser expressa como:

$$q = \frac{K_f - 1}{K_t - 1} \;\ldots\ldots\ldots\ldots\; (3.5)$$

O valor de (q) é uma função tanto do material ensaiado como do raio da raiz do entalhe (r). Para ter em conta o efeito de tamanho, Neuber propôs que o fator de concentração de tensões efetivo (k_f) fosse expresso em termos do fator teórico (k_t) modificado da seguinte forma: [87]

$$q = 1 + \frac{K_t - 1}{1 + \sqrt{\frac{\rho}{r}}} \quad \ldots\ldots\ldots\ldots\ (3.6)$$

3.3.7 Solução e resultados:

Para concluir esta etapa, o utilizador deve voltar ao workbench, onde existe um visto verde ao lado da configuração, o que significa que o utilizador pode avançar para a solução e obter a primeira simulação clicando duas vezes na solução. Se os valores dos dados iniciais tiverem sido criados, o utilizador tem de eliminar esses valores, quer porque a simulação falhou, quer porque o utilizador precisa de um novo conjunto de dados gerados depois de ter alterado alguns parâmetros do escoamento. Nesse caso, é possível clicar com o botão direito do rato na solução e selecionar apagar os dados gerados anteriormente. Mesmo que o ANSYS resolva o modelo, nenhum resultado será visível a menos que haja soluções especificadas. **A Fig. 3.13** mostra os passos da solução do modelo de fadiga.

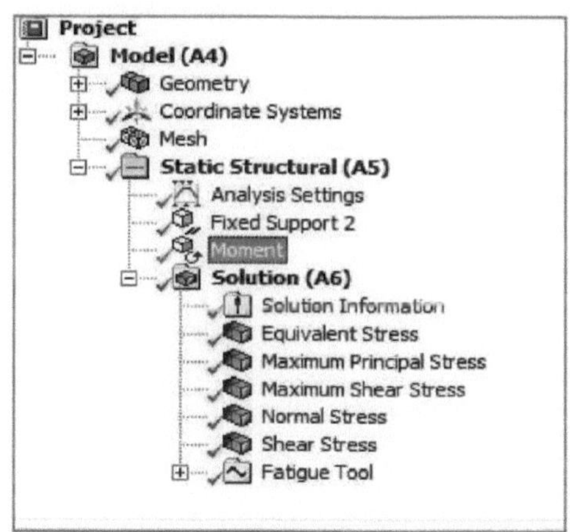

Fig. (3.13): Etapas da solução do modelo de fadiga.

Em seguida, os resultados devem ser verificados cuidadosamente e deve garantir-se que a análise está a modelar corretamente a situação real. Se os resultados não forem representativos da realidade, é necessário modificar o modelo ou a análise. Mesmo que o modelo esteja OK e seja suficientemente real, o utilizador deve verificar cuidadosamente se a malha do MEF não deixa escapar nenhum pequeno detalhe importante ou dá resultados indesejados e espúrios. Se necessário, modificar a malha e aumentar o número de elementos para obter resultados mais exactos.

Se a análise da modelação for boa, a conceção dos componentes poderá necessitar de atenção. Se os resultados forem os esperados e o projeto tiver o desempenho esperado, não há necessidade de modificar o projeto ou o modelo FEA. Após a execução de todos os passos, o esquema do projeto deve ser o indicado na **Fig. 3.14** e, em seguida, passar ao processo de elaboração do relatório.

Fig. (3.14): Etapas completas do modelo de fadiga.

Capítulo IV

Estudo de caso experimental

4.1. Introdução:

A parte prática inclui o estudo das propriedades mecânicas, estruturais e térmicas do material de alto desempenho PEEK e do seu compósito reforçado com (30% GF e CF), onde os testes estruturais incluem: FTIR, raios X e SEM. Os ensaios mecânicos incluem: tração, fadiga, impacto e dureza, e as propriedades térmicas incluem Tg, Tm e Tc utilizando o instrumento DSC.

4.2. Materiais utilizados no estudo:

Neste trabalho, foram utilizados três tipos de folhas de material com dimensões de (5 × 300 × 400 mm) fornecidas pela Guangzhou Ideal Technology Co. Ltd/China. **As tabelas (4.1), (4.2) e (4.3)** mostram as propriedades dos três materiais [88].

1. Virgin PEEK.
2. PEEK + 30% GF.
3. PEEK + 30% CF.

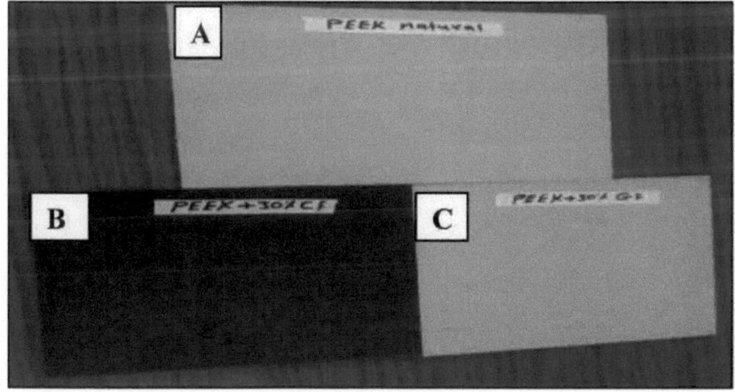

Fig. (4.1): Materiais Utilizados neste Trabalho A: PEEK virgem, B: PEEK+30% CF, e C: PEEK+ 30% GF.

Table (4(1) As propriedades do PEEK virgem [88].

Propriedades	Métodos de ensaio ISOZ(IEC)	Unidades	Valores
Cor	-	-	Natural (cinzento acastanhado)
Densidade	1183	gZcm^3	1.31
Propriedades térmicas			
Temperatura de fusão	-	° C	340
Condutividade térmica a 23 °C	-	wZ(k.m)	0.25
Propriedades mecânicas a 23° C			
Ensaio de tensão (5): -Tensão de tração no escoamento (6) Deformação de tração na rutura (6) - Módulo de elasticidade à tração	527 527 527	MPa % GPa	110 20 4.400
Resistência ao impacto Charpy	179Z1eU	KJZm	Sem pausa
Resistência ao impacto Charpy - entalhado	179Z1eA	KJZm	3.5
Dureza, durómetro shore D	D2240	-	85
Coeficiente de Poisson	-	-	0.4

Table (4(2) As propriedades do (PEEK + 30% GF) [88].

Propriedades	Métodos de ensaio ISOZ(IEC)	Unidades	Valores
Cor	--	-	*Natural (cinzento acastanhado)*
Densidade	*1183*	*g/cm³*	*1.51*
Propriedades térmicas			
Temperatura de fusão	-	*° C*	*340*
Condutividade térmica a 23° C	-	*c/(k.m)*	*0.43*
Propriedades mecânicas a 23° C			
Ensaio de tensão (5): *-Tensão de tração no escoamento (6)* *Deformação de tração na rutura (6) -* *Módulo de elasticidade à tração*	*527* *527* *527*	*MPa* *%* *GPa*	*90* *5* *6.300*
Resistência ao impacto Charpy	*179/leU*	*KJ/m*	*35*
Resistência ao impacto Charpy - entalhado	*179/leA*	*KJ/m*	*3.5*
Dureza .durómetro shore D	*D2240*	-	*86*
Rácio de Poisson	-	-	*0.34*

Table (4(3) As propriedades do (PEEK + 30% CF) [88].

Propriedades	Métodos de ensaio ISOZ(IEC)	Unidades	Valores
Cor	-	---	*Preto*
Densidade	*1183*	*gcm-*	*1.41*
Propriedades térmicas			
Temperatura de fusão	-	*° C*	*340*
Condutividade térmica a 23 C°	-	*w/(k.m)*	*0.92*
Propriedades mecânicas a 23°C			
Ensaio de tensão (5): *-Tensão de tração no escoamento (6)* *Deformação de tração na rutura (6)* *Módulo de elasticidade à tração*	*527* *527* *527*	*MPa* *%* *GPa*	*130* *5* *7.700*
Resistência ao impacto Charpy	*179/leU*	*KJ/m*	*35*
Resistência ao impacto Charpy - entalhado	*179/leA*	*KJ/m*	*4*
Dureza .durómetro shore D	*D2240*	-	*93*
Coeficiente de Poisson	-	-	*0.44*

4.3 Procedimento da obra:

O PEEK virgem, o PEEK+30%GF e o PEEK+30% CF são submetidos a estes ensaios de acordo com o seguinte fluxograma:

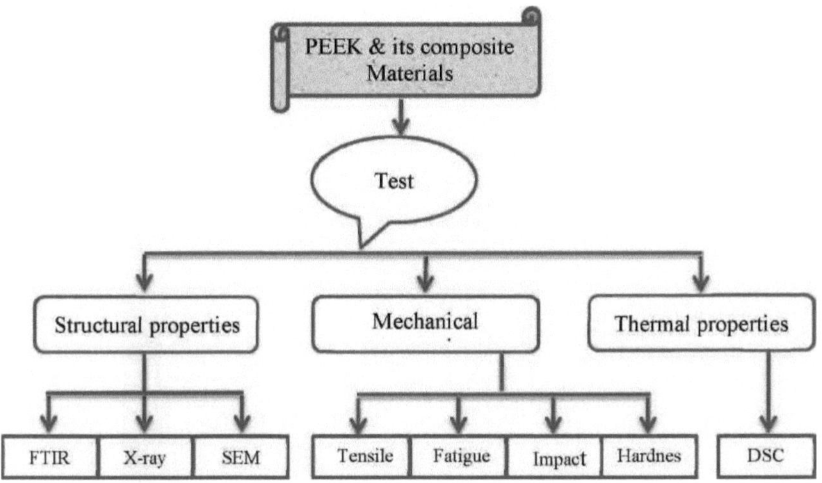

Fig. (4.2): Mostra o procedimento esquemático simples do trabalho experimental.

4.4 Propriedades estruturais:

4.4.1 Teste FTIR:

Na espetroscopia de infravermelhos, a amostra é preparada como um pó misturado com o material transparente KBr na proporção de 1:3. Em seguida, a mistura é bem triturada para obter um material homogéneo e prensada num disco para tomar a sua forma para ser testada.

No final do ensaio, a espetroscopia de infravermelhos fornece um gráfico entre a transmitância e o número de ondas, mostrando a estrutura química do material e, em seguida, o gráfico é comparado com o gráfico padrão para distinguir o material correto. Este ensaio é realizado utilizando, (FT-IR-OPUS_7.0 fabricado pela Bruker Company.

4.4.2 Teste XRD:

A técnica de **XRD** é utilizada para identificar o estado do polímero, quer seja cristalino, semi-cristalino ou amorfo, etc. Também para ver se 30% das fibras de vidro ou de carbono provocam o aparecimento de novos picos, para verificar se ocorre uma reação química ou física entre as fibras e a matriz. Este ensaio é efectuado utilizando o instrumento XRD 6000 fabricado pela (SHIMADZU) - Japão, como se mostra na **Fig. 4.3**. São utilizados como amostras pequenos pedaços das folhas de PEEK virgem, (PEEK+30%Cf) e

(PEEK+30%Gf).

No final do ensaio, o instrumento XRD fornece um gráfico entre a intensidade e 2θ mostrando o estado do polímero.

Fig. (4.3): Instrumento de XRD.

4.4.3 Teste SEM:

O SEM e a análise de elementos com o sistema Oxford Inca Energy 250X EDS são utilizados para fornecer microscópios com detectores de primeira classe, também utilizados para mostrar a fissura inicial na superfície da amostra, com base na tecnologia de cristais sintéticos, o instrumento (Tscan -company, modelo vega ii) é utilizado neste teste, como se mostra na **Fig. 4.4**. Os detectores Tescan fornecem soluções muito rápidas e eficientes que melhoram a qualidade das imagens. Os espécimes foram inicialmente preparados cortando a amostra fracturada num bloco retangular (5 × 15 × 5,6 mm) e, em seguida, revestidos por pulverização catódica com uma fina camada de ouro utilizando uma unidade de revestimento por pulverização catódica (empresa SEM Technologies LTD, Reino Unido). As amostras são medidas no centro de investigação metalúrgica Razi da República Islâmica do Irão.

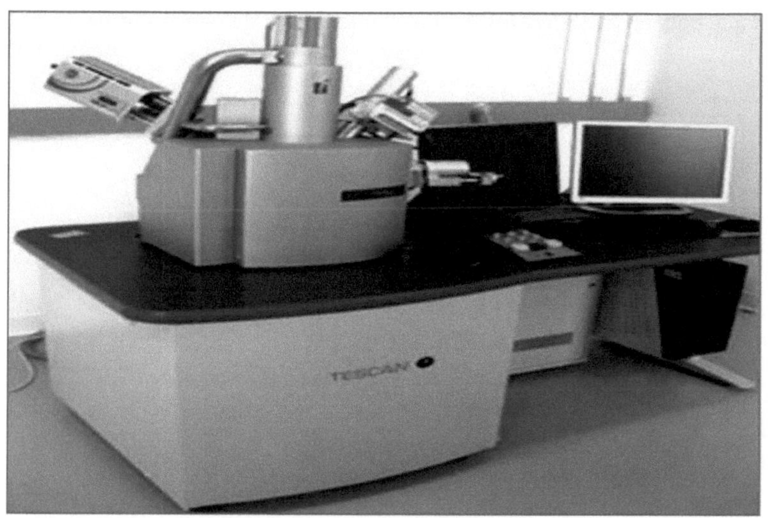

Fig. (4.4): Instrumento SEM (Tescan Company, modelo Yega ii).

4.5 Teste de densidade:

O teste de densidade é aplicado de acordo com o (Matsu Haku HIGH Precision DENSITY TESTER GP-120S, D=0.0001 g/cm^3 . Este teste é utilizado para medir a densidade de acordo com o baixo de Arquimedes, como na seguinte fórmula [89] :

$$\rho_o = Wa / (Wa - Wf) * \rho_f \ldots\ldots\ldots\ldots\ldots\ldots (4.1)$$

ρ_o: Densidade do objeto.

ρ_f: Densidade do objeto no fluido.

Wa: Peso do objeto no ar.

Wf: Peso do objeto no fluido.

4.6 Propriedades mecânicas:

4.6.1 Ensaio de tração:

Este teste foi efectuado utilizando um instrumento (Bongshin modelo WDW-SE). O dispositivo de tração aplica uma gama de cargas (1-50KN) com uma gama de velocidades (0,1-50 mm/min). As caraterísticas dos polímeros nos diagramas de tração dependem da forma e das dimensões do espécime. **A Fig. 4.5** mostra os provetes e o instrumento de ensaio de tração que podem ser utilizados para o exame de acordo com a norma ASTM D-638.

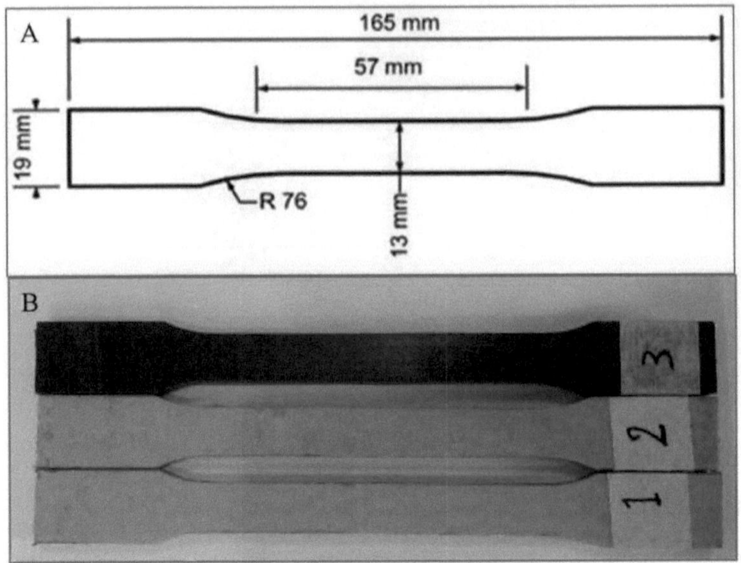

Fig. (4(5) (A) Amostra esquemática de tração (ASTM D638), (B) Amostra experimental de tração.

O ensaio foi efectuado à temperatura ambiente. Depois de a amostra ter sido fixada, a carga foi aplicada movendo o punho superior para cima a uma velocidade de (5 mm/min), enquanto o punho inferior permaneceu imóvel até ocorrer a rotura. Em seguida, a relação entre a tensão e a deformação num papel gráfico é obtida a partir da máquina, como se mostra na **Fig. 4.6**. O resultado representa a média de três amostras.

Fig. (4(6) Instrumento de tração.

4.6.2 Ensaio de fadiga:

Este ensaio foi realizado utilizando uma máquina de ensaios de fadiga por flexão alternada com a especificação de (máquina de ensaios de fadiga HSM20, 1400 rpm, tensão de abertura 230 V, frequência 20Hz, potência normal 0,4 Kw), e realizado à temperatura ambiente e uma relação de tensão de R= -1 (tensão-compressão), como se mostra na **Fig. 4.7.**

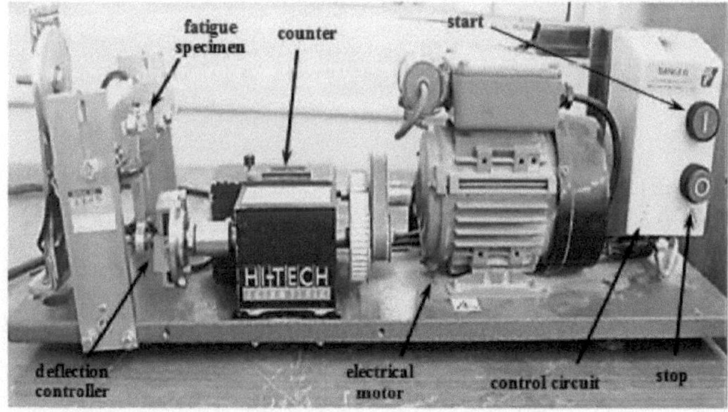

Fig. (4.7): Máquina de ensaio de fadiga.

Todos os espécimes de fadiga foram cortados em dimensão estável como geometria de placa plana de acordo com o manual da máquina, como mostra a **Fig. 4.8.**

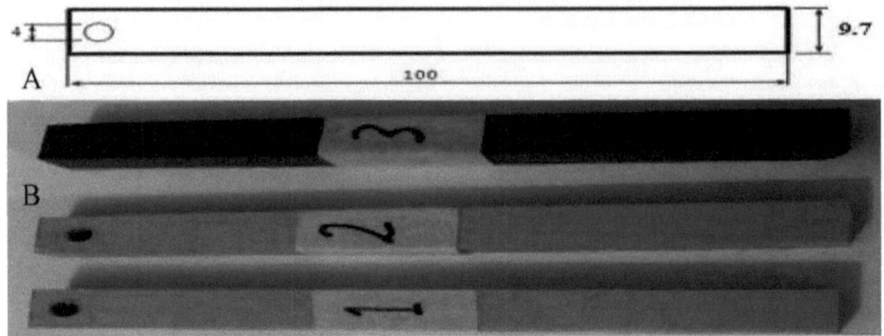

Fig. (4(8) (A) Amostra esquemática de fadiga, (B) Amostra experimental de fadiga.

É importante mencionar que a máquina tem duas velocidades de rotação, alta e baixa velocidade. Quando o utilizador testa material metálico, deve ser utilizado um acionamento de alta velocidade, enquanto o material plástico requer um acionamento de baixa velocidade. No presente trabalho experimental, foi utilizado o acionamento de baixa velocidade. Cada curva S-N obtida por este estudo tem pelo menos 7 espécimes em todos os casos e cada ponto na curva representa a média de três amostras.

A amostra foi sujeita à deflexão no lado livre e o outro lado foi fixado, desenvolvendo tensões de flexão como uma viga cantilever, em que o número de ciclos é apresentado no contador.

$$\sigma = \frac{1.5 \times E \times t \times \delta}{l^2} \qquad \text{..................} (4.2)$$

Onde;

σ : é a tensão alternada máxima (MPa),

E : O módulo de elasticidade (GPa),

t : Espessura dos provetes (5,6 mm),

S : A deflexão medida pelo relógio comparador (mm), e

I : O comprimento efetivo do provete (50 mm).

4.6.3 Ensaio de impacto:

Um dos testes mais comuns para determinar a resistência ao impacto dos plásticos. Os espécimes com entalhe e sem entalhe são preparados de acordo com a norma ASTM D

256-87-ISO 179, em que as amostras são entalhadas em ângulos de 45 como forma (v) e o ensaio foi realizado à temperatura ambiente. Neste ensaio, cada valor da energia representa a média de três amostras. **A Fig. 4.9** mostra amostras padrão e experimentais com entalhe e amostras sem entalhe:

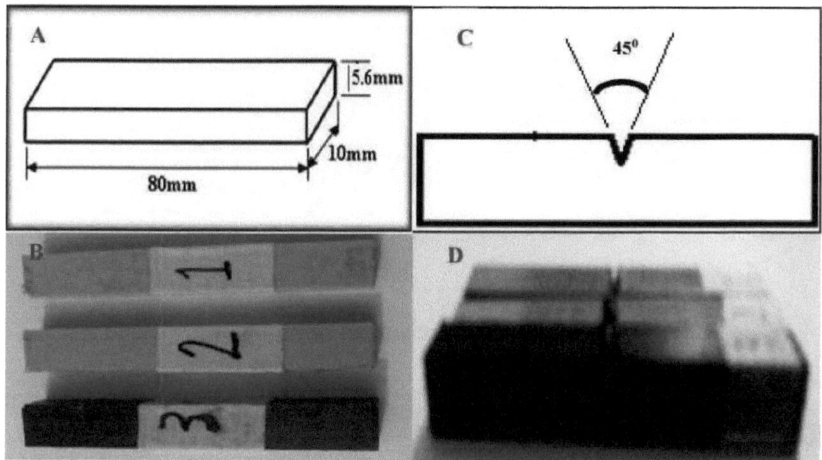

Fig. (4(9) (A) Amostra esquemática de impacto sem entalhe (ISO 179), (B) Amostra experimental de impacto sem entalhe, (C) Amostra esquemática de impacto com entalhe (ISO 179), (D) Amostra experimental de impacto com entalhe.

Neste ensaio, o provete é fixado numa posição de cantilever. O braço de um pêndulo atinge o provete. A energia absorvida pelo provete no processo de rotura é definida como a energia de rotura. A energia de rotura pode ser medida na unidade joule. Ensaio de impacto com pêndulo alemão, empresa gant (HAMBURGO), modelo WP 400 tipo charpy, como se mostra na **Fig. 4.10.**

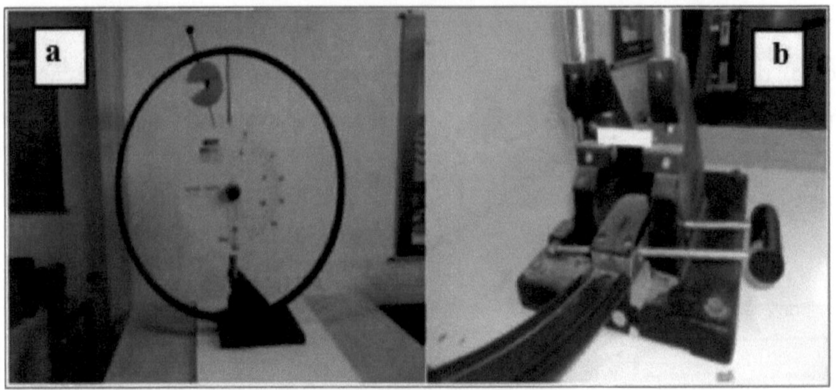

Fig. (4.10): (A) Máquina de impacto utilizada no ensaio e (B) Fixação do provete.

Neste ensaio, o cálculo da resistência ao impacto e da tenacidade à fratura dependeu do cálculo da energia necessária para a fratura. A resistência ao impacto é calculada a partir da seguinte equação:

$$G_c = \frac{U_c}{A} \qquad \text{.........................} \ (4.3)$$

Onde:

G_c: Resistência ao impacto do material (J/m^2),

U_c: Energia de impacto (J), e

A: área da secção transversal do provete (mm^2).

A tenacidade à fratura, que descreve a capacidade de um material que contém uma fenda resistir à fratura, pode ser expressa como

$$K_c = \sqrt{G_c E} \qquad \text{.....................} \ (4.4)$$

Onde,

K_c: Resistência à fratura do material ($MPa.m^{1/2}$), e

E: módulo de elasticidade do material (MPa).

4.6.4 Ensaio de dureza (shore D):

Neste ensaio, as amostras foram preparadas de acordo com a norma ASTM D 2240, utilizando o aparelho de dureza chinês, modelo TH 200, para medir a dureza do PEEK virgem, (PEEK+30% GF) e (PEEK+30% CF). Neste ensaio, cada valor de dureza representa a média de três amostras.

4.7 Propriedades térmicas:

4.7.1 Ensaio DSC:

Este ensaio é utilizado para medir as propriedades termofísicas, incluindo: (T_m), (T_g) e Tc ... etc. As amostras são medidas no centro de investigação metalúrgica Razi, na República Islâmica do Irão. As amostras de PEEK virgem, (PEEK+30% GF) e (PEEK+30% CF) são preparadas de acordo com a norma ASTM D3418-03 e testadas com um instrumento (NETZSCH - modelo DSC F3Maia, panela de alumínio), como se mostra na **Fig. 4.11.** A especificação do gás (N_2 (50 ml/min) e a taxa de aquecimento 10 °C/min com intervalo de aquecimento (20-380 °C).

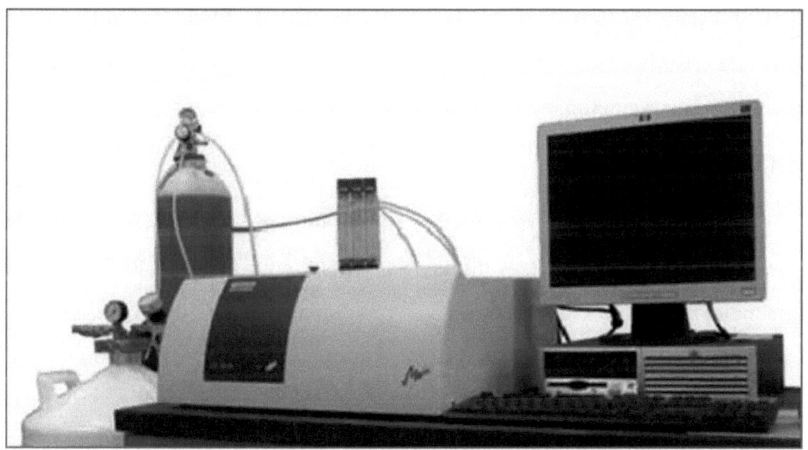

Fig. (4.11): Instrumento (NETZSCH -Modelo DSC F3Maia).

Capítulo Cinco

Resultados e Análise

5.1 . Introdução:

Todos os resultados experimentais e numéricos são discutidos neste capítulo. Os testes estruturais incluem FTIR, raios X e SEM, onde os resultados de FTIR e XRD mostram a estrutura química e a natureza do PEEK virgem para mostrar se aparece um novo pico quando se adiciona 30% de fibras de vidro ou de carbono. Os resultados do SEM mostram a estrutura interna e as fissuras iniciais na superfície dos materiais, mostrando também a região de fratura das amostras que são submetidas ao ensaio de fadiga após a falha. Além disso, os resultados mecânicos, tais como tração, fadiga, impacto e dureza, são discutidos neste capítulo. O ensaio de fadiga inclui resultados experimentais e teóricos e a comparação entre estes resultados, incluindo o erro percentual. O ensaio térmico centra-se no ensaio (DSC) para mostrar o efeito da adição de 30% de fibras de vidro ou de carbono no nível de cristalização do PEEK virgem, onde são calculados os valores de Tg, Tm e Tc destes materiais, mencionados mais adiante neste capítulo.

5.2 Teste FTIR:

Geralmente, a gama do espetro de infravermelhos (4000-400 cm^{-1}) pode ser classificada em duas regiões: a região das impressões digitais (1500-600 cm^{-1}) e a região dos grupos funcionais, que inclui três regiões: a região das ligações duplas (2000-1500 cm^{-1}), a região das ligações triplas (2500-2000 cm^{-1}) e a região de estiramento X-H (4000-2500 cm^{-1}). **A Fig. 5.**1 mostra o espetro FTIR do PEEK virgem e a sua banda de absorção. O pico principal no PEEK é **C-O-C**, que representa o éter cíclico com uma gama de (9001250), enquanto o estiramento **C=O** representa os grupos cetona ao longo da espinha dorsal do polímero com uma gama de absorção (1650-1740). O estiramento **C=C** representa os anéis fenil aromáticos com bandas de absorção em (1497-1584) e isto concorda com Mizolo Ginette Kasiamat e B. Stuart [90, 91].

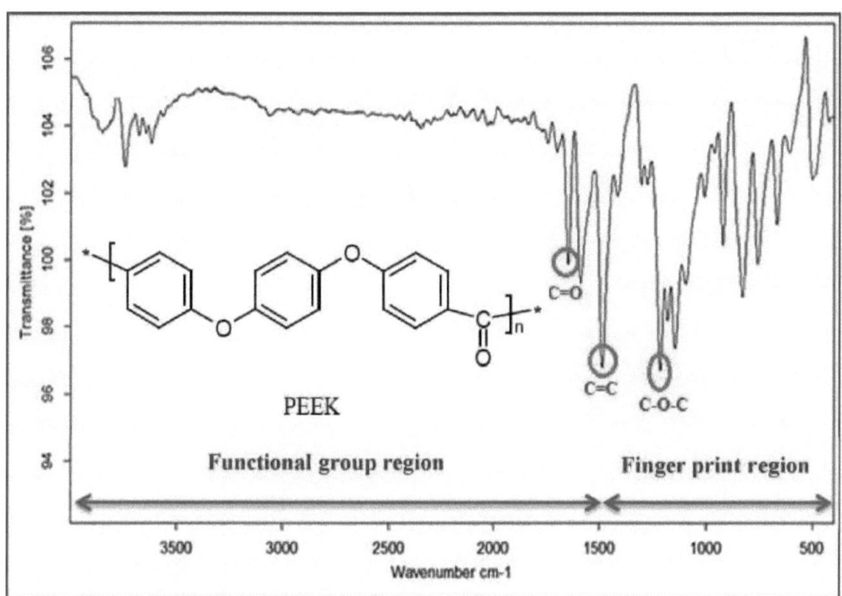

Fig. (5.1): FTIR de PEEK virgem.

A Fig. 5.2 A e B mostra o FTIR para (PEEK+30% GF) e (PEEK+ 30% CF), respetivamente. Verifica-se que a adição de 30% de fibras de vidro ou de carbono provoca um ligeiro deslocamento dos picos e não provoca o aparecimento de novos picos, o que indica que não há reação química entre as fibras e a matriz de PEEK, apenas uma reação física. A GF provoca um aumento da nitidez dos picos, enquanto a CF diminui a nitidez dos picos, o que está de acordo com a radiografia.

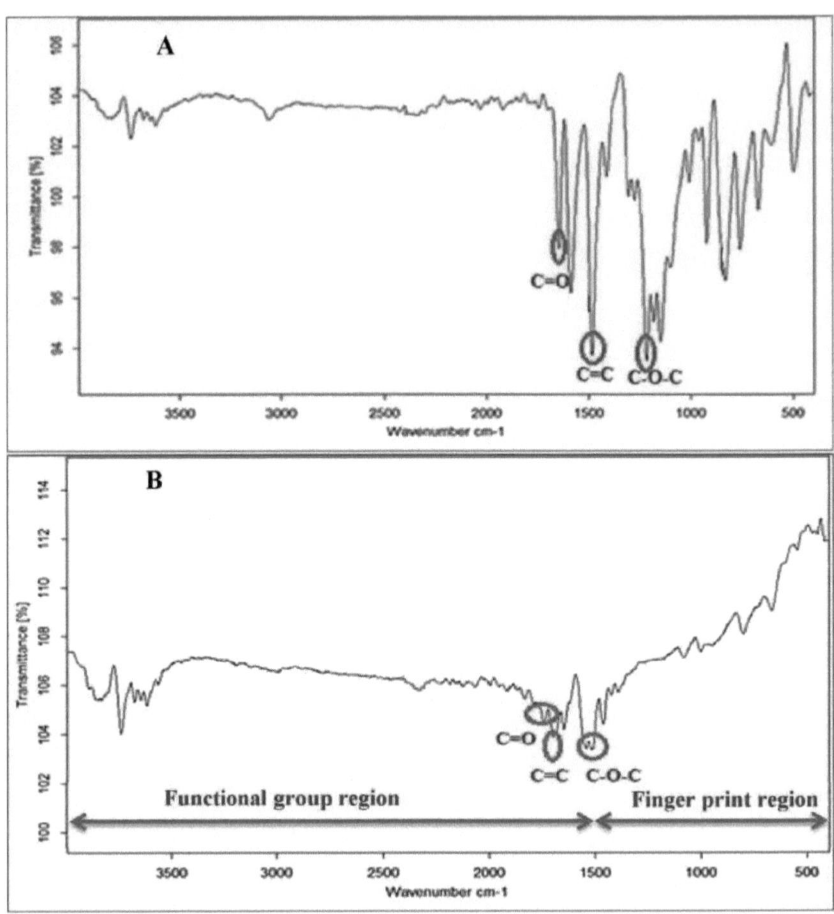

Fig. (5.2): (A) FTIR (PEEK+ 30%GF), e (B), (PEEK+ 30%CF).

5.3 Teste XRD:

O PEEK é um material semi-cristalino e é difícil utilizar os raios X para determinar a cristalização do material, pelo que é utilizado para mostrar a alteração na estrutura química e o DSC é utilizado para mostrar o nível cristalino do material. Os resultados mostram que a adição de 30% de fibras de vidro e de carbono não leva ao aparecimento de novos picos, mas apenas afecta a nitidez do pico, em que a adição de 30% de GF aumenta a nitidez do pico, como se mostra **na Fig. 5.3 B**, enquanto 30% de CF provoca uma diminuição da nitidez do pico, como se mostra na **Fig. 5.3 C**. Isto indica que a ocorrência de uma reação física provoca esta alteração nos picos, o que está de acordo com os resultados FTIR.

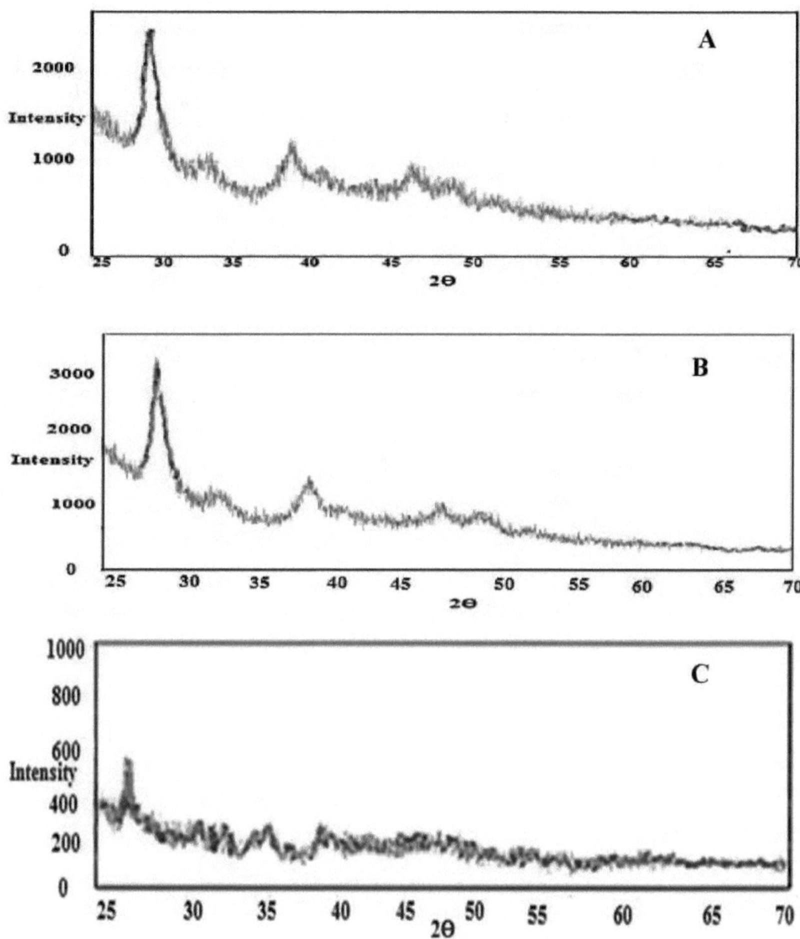

Fig. (5.3): Teste XRD de (A) PEEK virgem, (B) PEEK+30% GF e (C) PEEK+30% CF.

5.4 Teste DSC:

O PEEK é um material termoplástico de elevado desempenho no qual a estabilidade adequada a altas temperaturas resulta de uma espinha dorsal aproximadamente rígida. A elevada temperatura de serviço do PEEK permite um processamento fácil por injeção e moldagem e outras técnicas de polímeros termoplásticos, em que o PEEK é considerado um dos polímeros importantes com excelente resistência à degradação térmica.

A coesão dos materiais compósitos termoplásticos depende do historial térmico e das condições de processamento dos materiais, tais como a temperatura, o grau de cristalização, a taxa de arrefecimento e de aquecimento, o que tem um efeito na sua morfologia. Por conseguinte, é necessário compreender a adição de fibras na morfologia da matriz polimérica.

A DSC é utilizada para mostrar o efeito de 30% de fibras de carbono e de vidro no PEEK virgem e nas propriedades mecânicas. **As Figs. 5.4 A e B** explicam o comportamento térmico do PEEK virgem, em que a Tg aparece a 149,5 °C e a Tm a 339,3 °C, como se mostra na **Fig. 5.4 A**, enquanto a T_C a 297,2 °C, como se mostra na **Fig. 5.4 B**.

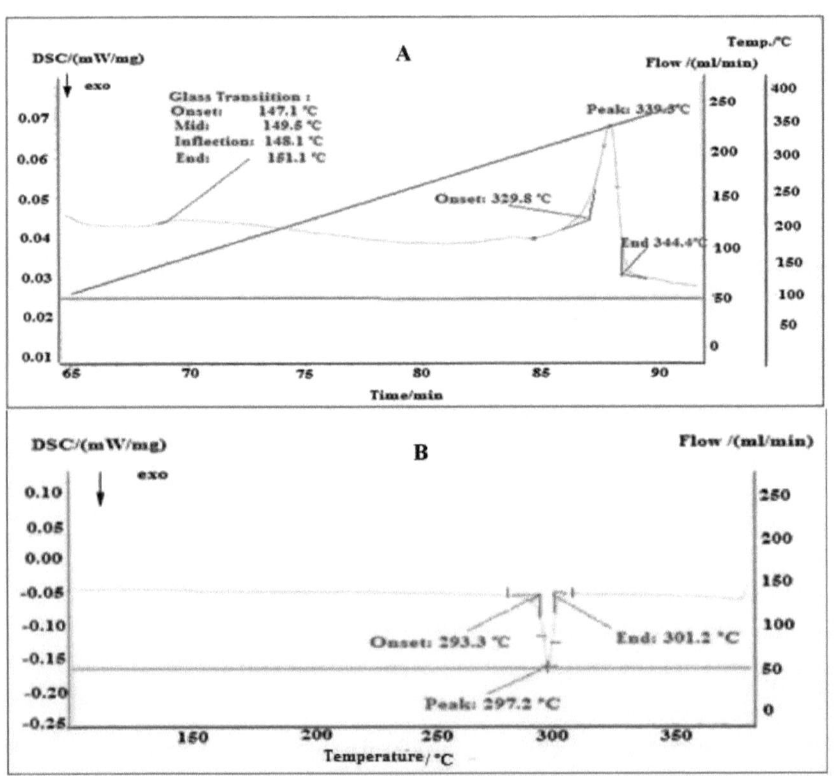

Fig. (5.4): Comportamento da história térmica do PEEK virgem (A) Tm e Tg (B) T_C.

A Fig. 5.5 A e B mostra as propriedades térmicas do PEEK+30%GF. Uma ligeira mudança das propriedades térmicas do PEEK virgem, onde a Tg apareceu mesmo depois de se deslocar para a direita com o valor (148,6 °C) e isto significa instabilidade do material compósito com a adição e a Tm aparecendo a 339,0 °C, como mostrado na **Fig. 5.5A.** Devido à natureza amorfa do GF, o nível de cristalização do PEEK virgem está a diminuir. Além disso, a GF requer uma temperatura de processamento elevada. A alta temperatura, a nucleação ocorre através da fibra devido ao rápido movimento das cadeias moleculares e, assim, limita a capacidade das cadeias para a formação da forma cristalina, onde o Tc aparece a 297,2 °C, como mostrado na **Fig. 5.5 B**, e isto concorda com Luke Harris [92].

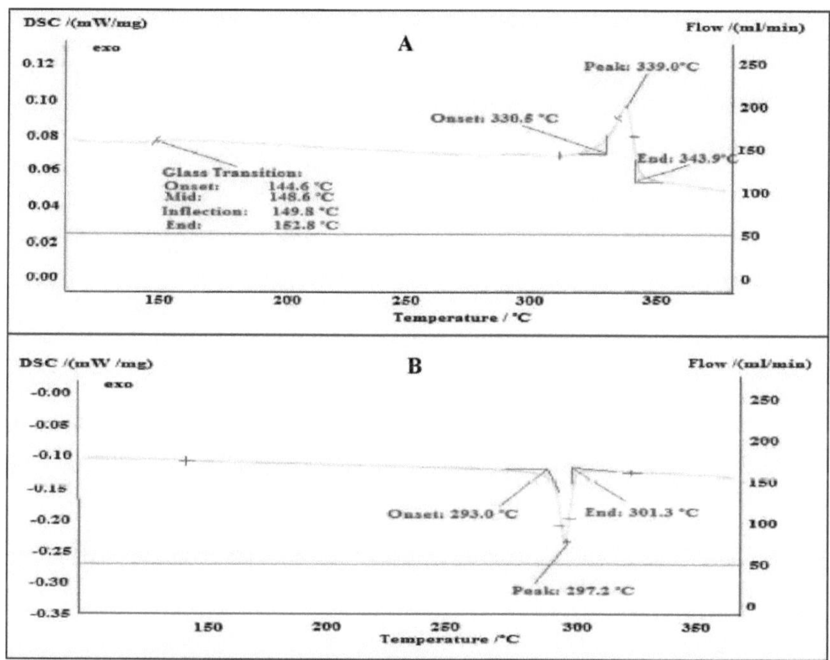

Fig. (5.5): Comportamento da história térmica do PEEK+ 30% GF (A) Tm e Tg, (B) Tc.

As Figs. 5.6A e B explicam as propriedades térmicas do PEEK+30%CF, onde os resultados provaram a ausência de uma Tg e isto indica o papel importante desempenhado pela CF na manutenção da estabilidade da matriz de PEEK sem transformação na fase, bem como a Tm a 276,2 °C, como mostrado na **Fig. 5.6A**. A adição de 30% de CF provoca um aumento do nível cristalino do PEEK virgem. A adição de CF ao PEEK requer uma temperatura de processamento baixa. A baixa temperatura, a nucleação ocorre através da matriz e isto é devido ao movimento lento das cadeias moleculares e isto dá mais tempo para o crescimento da esferulite que leva a um aumento no nível cristalino, onde Tc aparece a 219,9 °C, como mostrado na **Fig. 5.6 B** e isto concorda com Luke Harris [92].

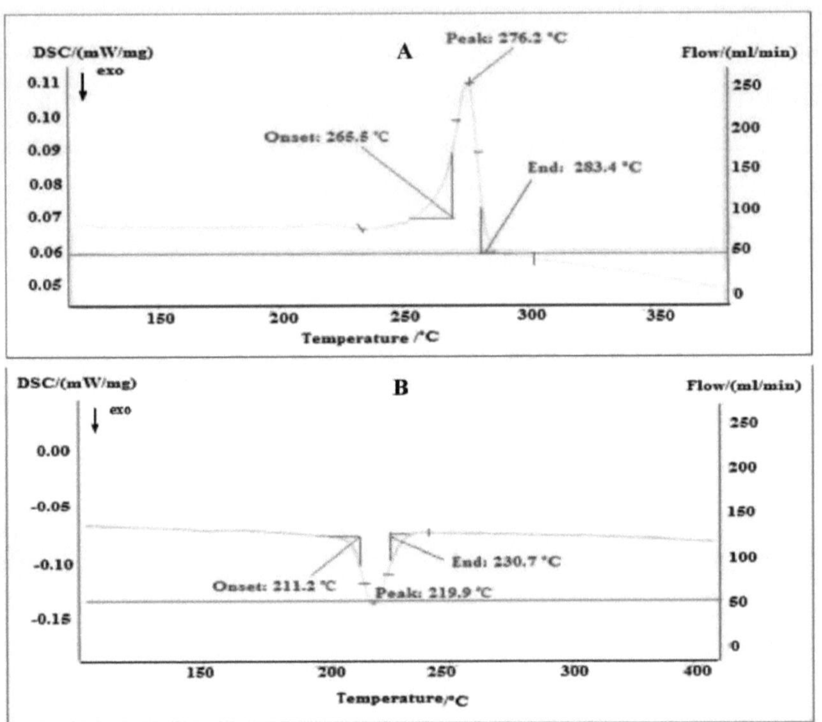

Fig. (5(6) Comportamento da história térmica do PEEK+ 30% CF, (A) Tm e (B) Tc.

5.5 Ensaio de densidade:

Os resultados da densidade mostraram que o compósito (PEEK+30% CF) tem uma densidade mais baixa do que o compósito (PEEK+30% GF) apesar da mesma fração de volume, em que a densidade do CF virgem é mais baixa do que a densidade do GF virgem, como se mostra na **Fig. 5.7**.

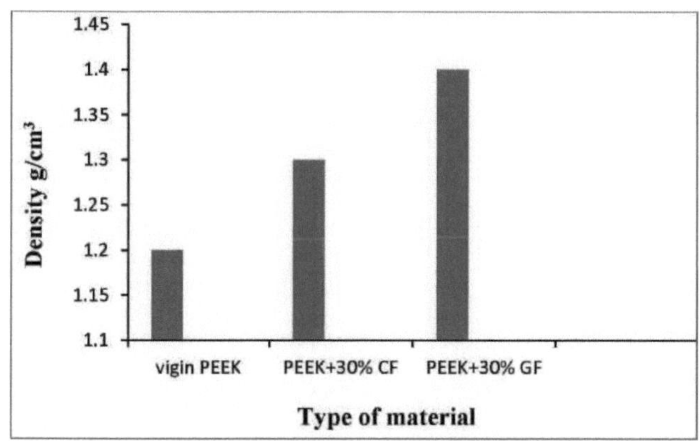

Fig. (5(7) Valores de densidade do PEEK virgem, PEEK+30% CF, e PEEK+30% G F.

5.6 Propriedades mecânicas:

Vários parâmetros têm efeitos nas propriedades mecânicas do compósito PEEK. Estes parâmetros incluem elementos microestruturais como o comprimento da fibra, a fração volumétrica da fibra, a orientação da fibra, a resistência da interfase fibra-matriz, e parâmetros morfológicos como o grau de cristalinidade, a espessura da lamela e a orientação dos cristalitos, em que o parâmetro morfológico é afetado por variações nas condições de processamento, como a geometria do molde, a temperatura de fusão, a temperatura de moldagem e as propriedades reológicas do composto de moldagem. Este trabalho centra-se nos efeitos do grau de cristalinidade nas propriedades mecânicas, como se pode ver nos resultados das propriedades mecânicas.

5.6.1 Resistência à tração:

O PEEK tem excelentes propriedades de resistência à tração e esta propriedade pode ser modificada de acordo com o tipo e a fração volumétrica das fibras. Os resultados mostraram que a adição de 30% de GF diminui o nível cristalino e, consequentemente, diminui a resistência à tração, sendo que a adição de GF provoca uma diminuição da ductilidade do PEEK virgem e resulta em fratura frágil, enquanto a CF aumenta o nível cristalino, o que aumenta a resistência à tração do PEEK virgem, devido à natureza resistente da CF, que provoca um aumento da resistência e da rigidez, atrasando o início e a propagação da fissura e necessitando de mais energia para criar a fissura e propagá-la até à rutura. A composição exigiu forças mais elevadas para atingir a rotura. A resistência dos materiais compósitos é aumentada devido à adição de CF, como se mostra na **Fig. 5.8**, o que está de acordo com Ronald Hillock [93].

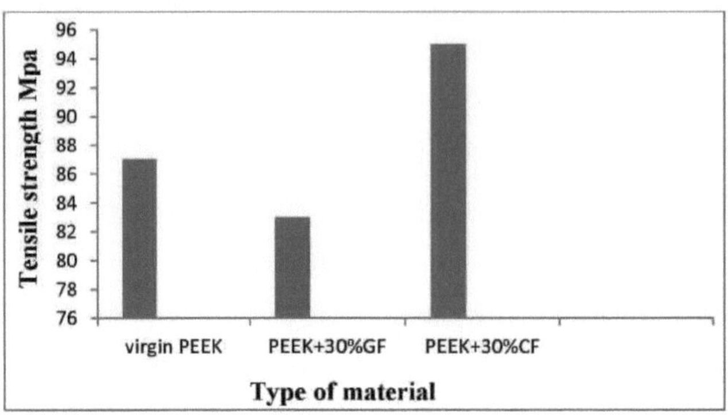

Fig. (5(8) Valores de resistência à tração do PEEK virgem, PEEK+30% CF e PEEK+30%GF.

5.6.2 Ensaio de impacto:

A Fig. 5.9 mostra a resistência ao impacto de amostras sem entalhe e com entalhe de PEEK virgem, PEEK +30%GF e PEEK+30%CF, respetivamente. Os resultados mostram que a adição de 30% de GF provoca uma diminuição da resistência ao impacto do PEEK virgem devido a uma diminuição do nível cristalino do PEEK. A natureza frágil do GF provoca uma diminuição da resistência ao impacto do material, enquanto que a adição de 30%CF provoca um aumento da resistência ao impacto devido ao aumento do nível cristalino do PEEK virgem. A estrutura da CF provoca uma excelente ligação com a matriz PEEK, o que resulta numa elevada resistência ao impacto, como se mostra na **Fig. 5.9**. Estes resultados estão de acordo com os resultados de impacto das amostras entalhadas, mas com valores inferiores.

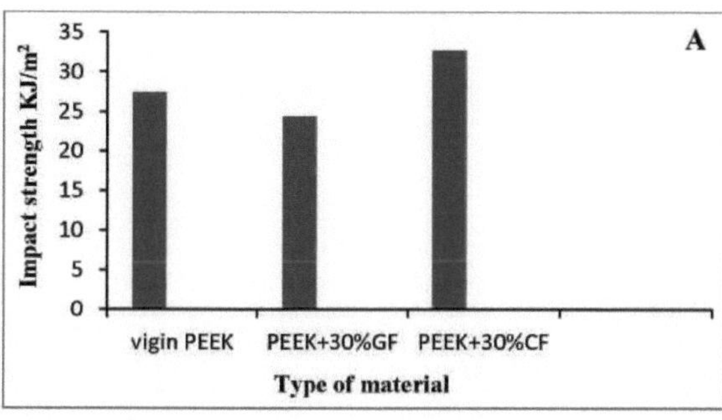

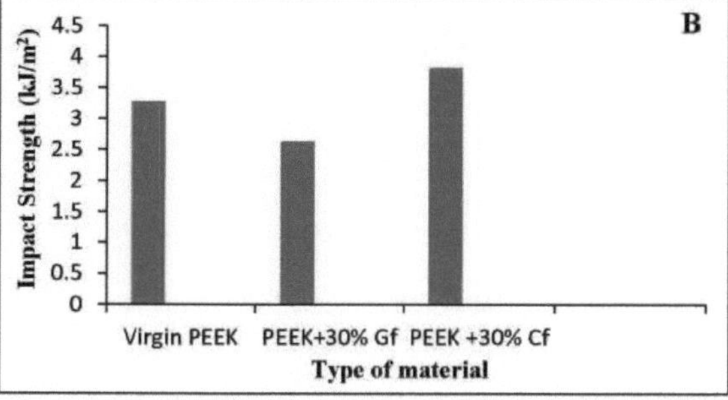

Fig. (5(9) Resistência ao impacto de PEEK virgem, PEEK+30%GF e PEEK+30%CF A: sem entalhe, B: entalhe.

As Figs. 5.10 A e B mostram a resistência à fratura de amostras sem entalhe e com entalhe de PEEK virgem, PEEK +30% GF e PEEK +30% CF, respetivamente. Geralmente, a resistência à fratura depende de dois parâmetros importantes, a resistência ao impacto e o módulo de elasticidade, que são calculados de acordo com a equação (4.4). A adição de GF produz uma resistência à fratura superior à do PEEK virgem, apesar da diminuição da resistência ao impacto. O módulo de elasticidade também é mais elevado do que o do PEEK virgem. A adição de CF produz um aumento da resistência ao impacto e do módulo de elasticidade que produz uma maior tenacidade à fratura. Estes resultados estão de acordo com os resultados de impacto das amostras entalhadas, mas com valores mais baixos, como se mostra na **Fig. 5.10**.

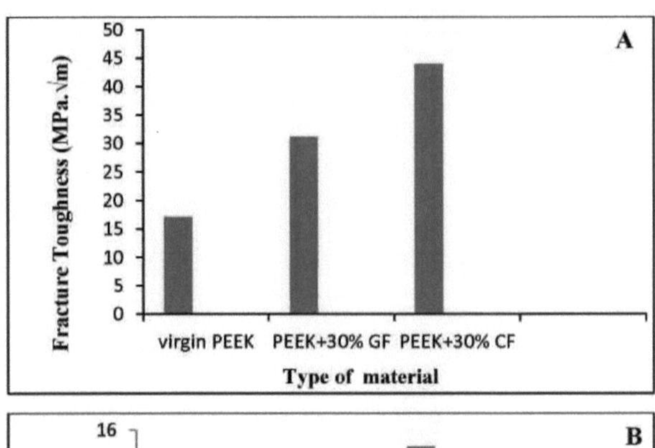

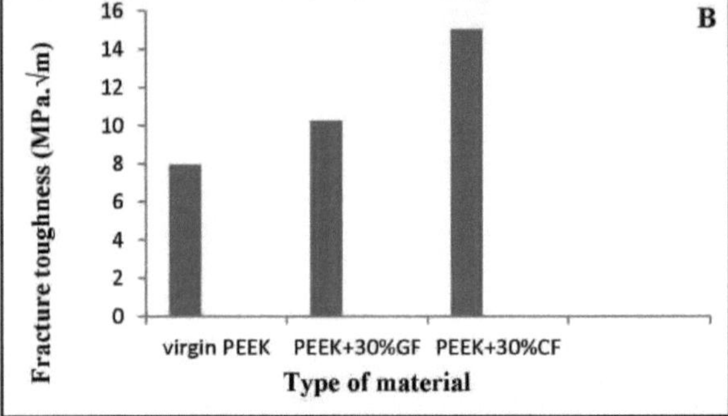

Fig. (5(10) Resistência à fratura do PEEK virgem, PEEK+30%GF e PEEK+30%CF A: sem entalhe, B: entalhe.

5.6.3 Ensaio de dureza:

Como se mostra na **Fig. 5.11**, tanto a adição de carbono como de fibra de vidro provoca um aumento da propriedade de dureza do PEEK virgem. As fibras de vidro caracterizam-se por uma estrutura lisa que provoca um aumento da dureza do PEEK virgem, em que a ligação entre as fibras de carbono e a matriz de PEEK é da mesma complexidade que a das fibras de vidro, mas as fibras de carbono são duras e sobrepõem-se dentro da matriz polimérica porque têm uma textura gordurosa, o que resulta numa ligação mais forte e numa maior dureza das fibras de vidro.

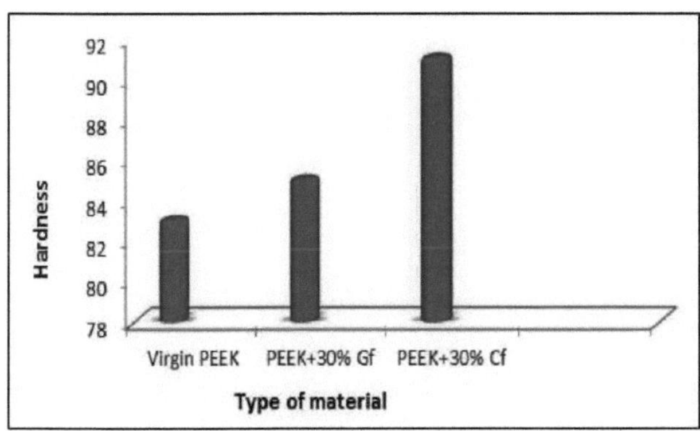

Fig.(5.11): Dureza do PEEK virgem, PEEK+30%GF, e PEEK+30%CF.

5.6.4 Ensaio de fadiga:

Vários parâmetros têm um efeito no comportamento à fadiga do material compósito. Estes parâmetros incluem: factores materiais, tais como (tipo de matriz, tipo de reforço e respectiva fração volumétrica, ... etc.), factores de ensaio de variáveis, tais como (tipo de carga, direção da carga, média de tensão, frequência, razão de tensão, ... etc.) e factores ambientais, tais como (temperatura, humidade , etc.). Por conseguinte, este estudo centra-se no efeito de

vários tipos de fibra em material virgem de PEEK e efeitos subsequentes na propriedade de fadiga.

A versão 14.0 do ANSYS foi utilizada para modelar o ensaio de fadiga, em que as curvas S-N foram determinadas com base numa carga de amplitude constante totalmente invertida (rácio de tensão R= -1) à temperatura ambiente para simular a vida à fadiga e a sensibilidade. A teoria da fadiga, o entalhe afetado e a temperatura afetada são estudados. A equação de vida à fadiga para diferentes casos é calculada.

5.6.4.1 Efeito do rácio de tensão:

Utilizando o método FEA em condições de carga constante com base em vários rácios de carga: R = (- 0,25,-0,5,-0,75 e -1) e estudar a teoria da fadiga (Goodman, Soderberg e Gerber) a um momento constante de 3,7 N.m para três materiais. Os resultados mostram que o número de ciclos diminui com o aumento do rácio de tensão, em que (PEEK+30%GF) representa o pior valor do número de ciclos, enquanto (PEEK+30%CF) representa o bom valor. **As Figs. (5.12), (5.13), (5.14), (5.15), (5.16) e (5.17)** mostram a comparação entre as teorias de fadiga e a relação entre a razão de tensão e o número de ciclos.

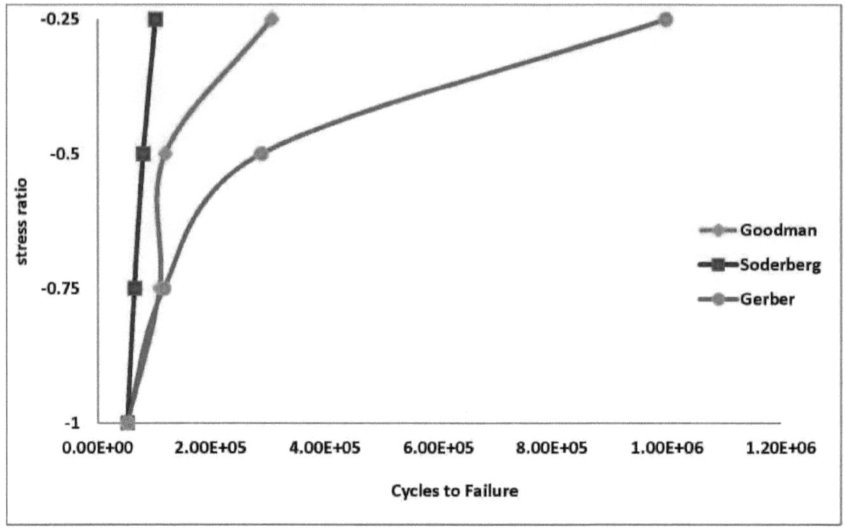

Fig. (5.12): Diferentes relações de tensão com a teoria de fadiga do PEEK virgem.

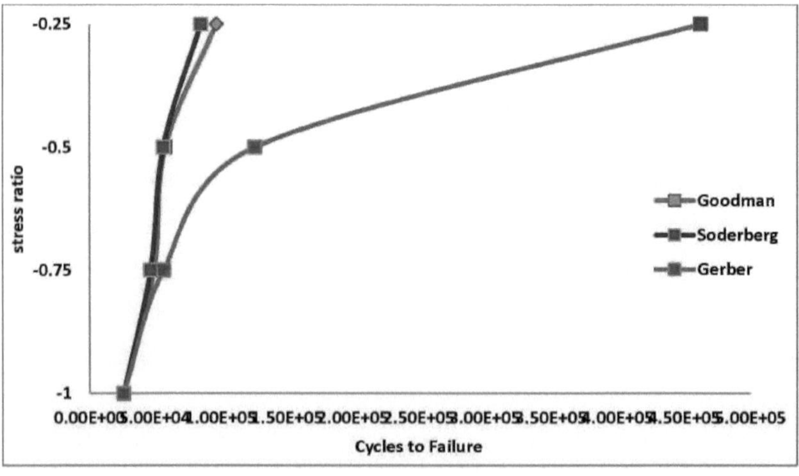

Fig. (5.13): Diferentes rácios de tensão com a teoria da fadiga do PEEK+30%GF.

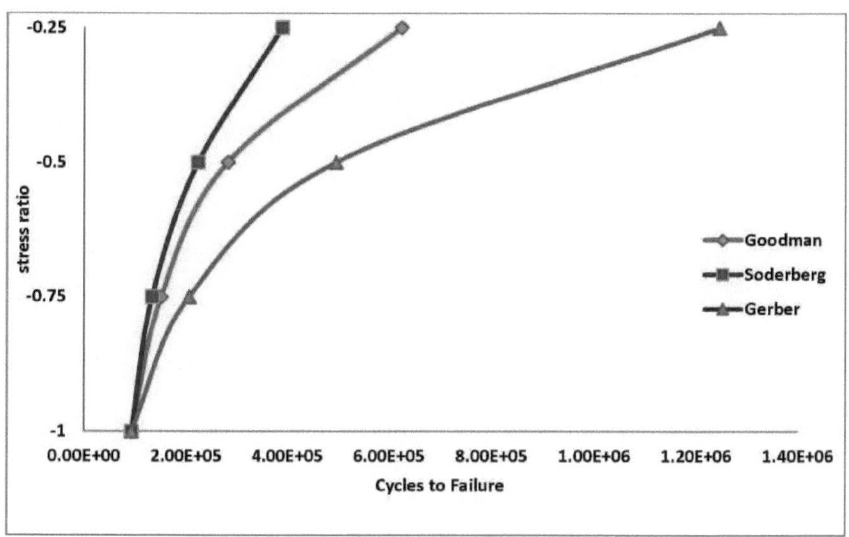

Fig. (5.14): Diferentes rácios de tensão com a teoria de fadiga do PEEK+30%CF.

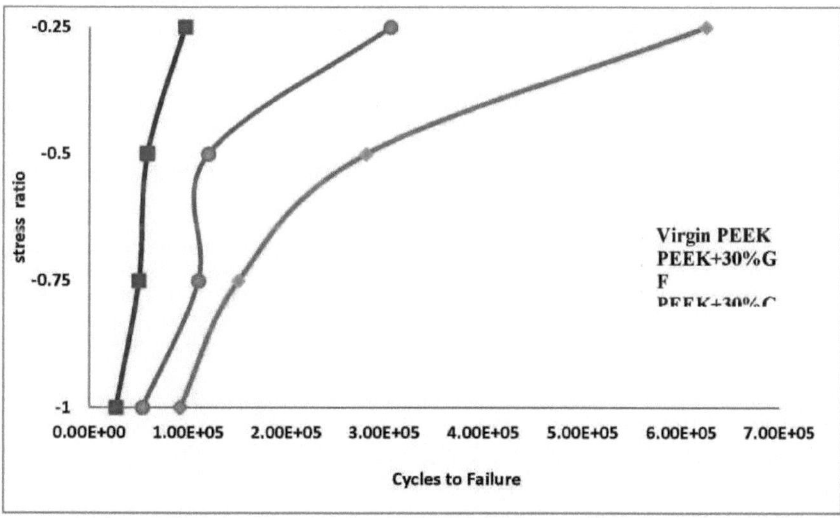

Fig. (5.15): Diferentes rácios de tensão com a teoria de Goodman para três tipos de materiais.

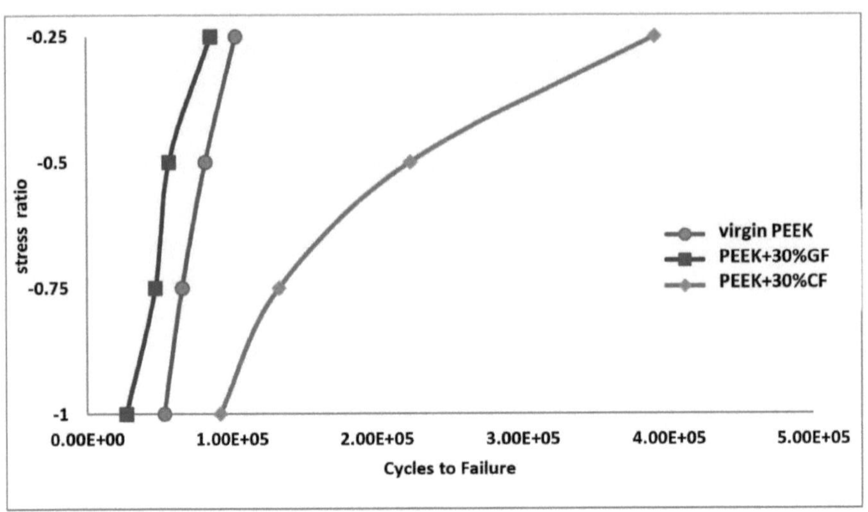

Fig. (5.16): Diferentes rácios de tensão com a teoria de Soderberg para três tipos de materiais.

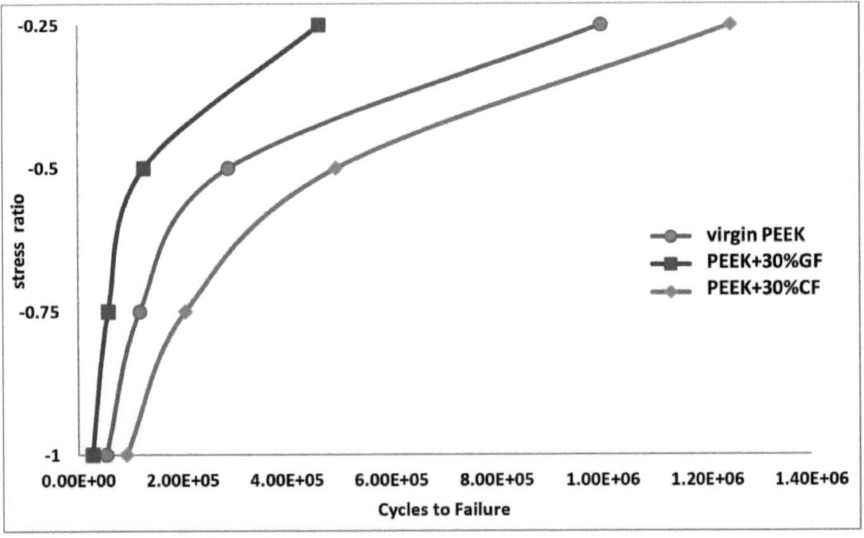

Fig. (5.17): Diferentes rácios de tensão com a teoria de Gerber para três tipos de materiais.

A Fig. 5.18 mostra a simulação numérica utilizando o ANSYS 14.0, onde é aplicado um momento específico em que o valor máximo do momento fletor é (3,7 N.m) e o valor mínimo do momento fletor é (2,1 N.m), para encontrar o valor da vida útil para mostrar o resultado numérico do número de ciclos e comparar entre os resultados numéricos e experimentais.

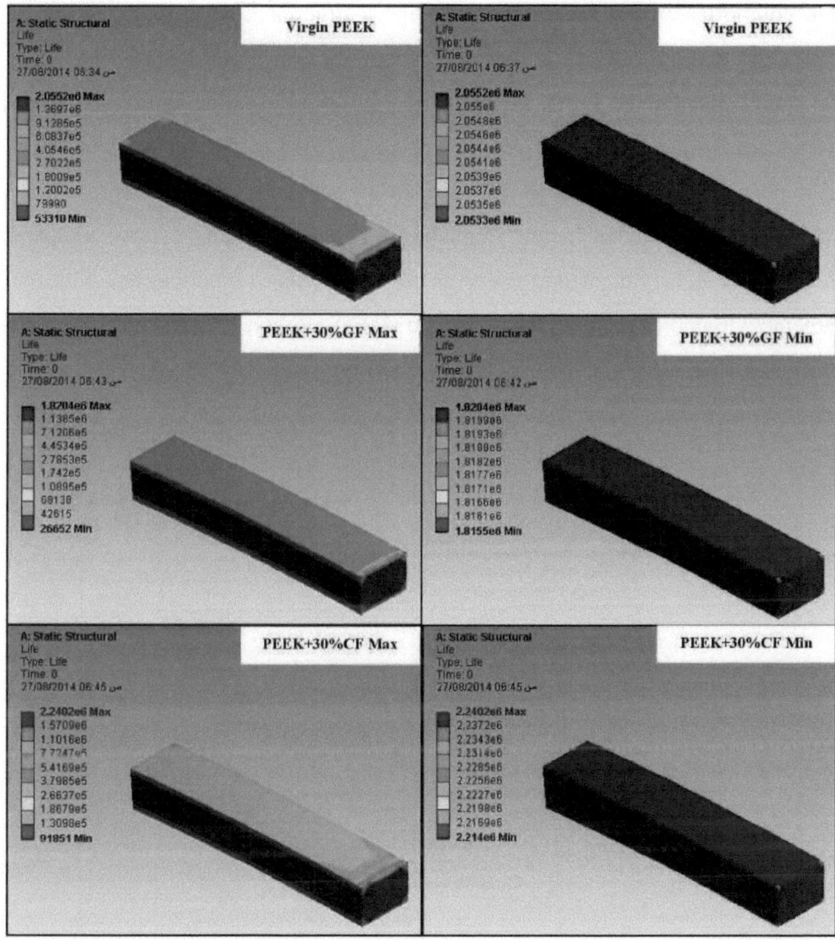

Fig. (5(18) Contornos do tipo de vida no momento de flexão máximo e mínimo. Momento de flexão para sem entalhe de PEEK virgem, PEEK-30%GF e PEEK-30%CF.

As Figs. 5.19, 5.20 e 5.21 mostram as curvas S-N do PEEK virgem, PEEK+30% GF e PEEK+30% CF, respetivamente. É evidente, a partir dos resultados da **Fig. 5.19**, que o número de ciclos aumenta quando a tensão diminui devido à diminuição da deformação, de acordo com a equação (4.2). **A Fig. 5.20** mostra que a adição de 30% de GF ao PEEK virgem diminui a resistência à fadiga devido à natureza frágil do GF. Outra razão importante é que a adição de 30% de GF provoca uma diminuição do nível cristalino do PEEK virgem, o que tem um efeito nos valores das propriedades de tração, em que a mudança de comportamento de dúctil para frágil leva à diminuição da resistência à fadiga. A adição de 30% de CF ao PEEK virgem aumenta a resistência à fadiga devido a um aumento do nível cristalino do PEEK virgem, o que provoca um aumento da resistência à tração, bem como um aumento da resistência à tração produz uma diminuição da deformação, de acordo com a equação (4.2), como se mostra na **Fig. 5.21**. Os resultados estão de acordo com Alexander Tregub, Hannah Harel e Gad Maromg [21]. Ao comparar as curvas S-N entre si, é evidente que as curvas experimentais e numéricas têm o mesmo comportamento. Os valores médios globais de erro são inferiores a 3% para todos os casos, e o erro percentual máximo entre o experimental e o numérico não excede 11%. Existe uma concordância entre os resultados experimentais e numéricos.

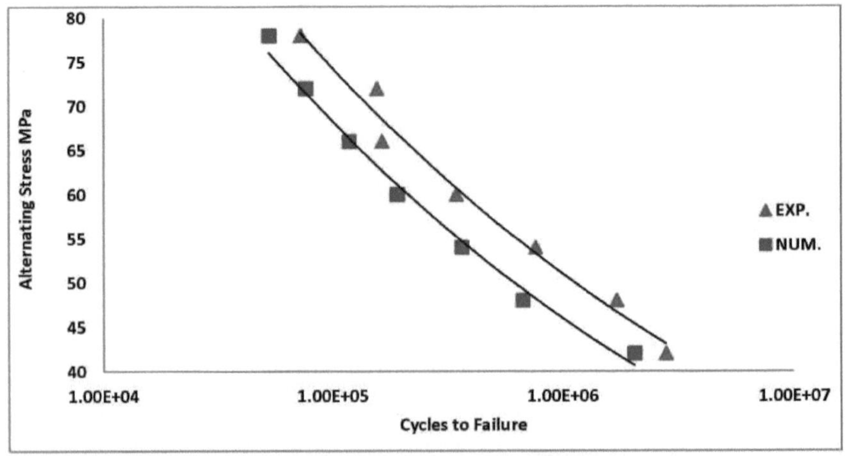

Fig. (5.19): Curvas S-N experimentais e numéricas do PEEK virgem.

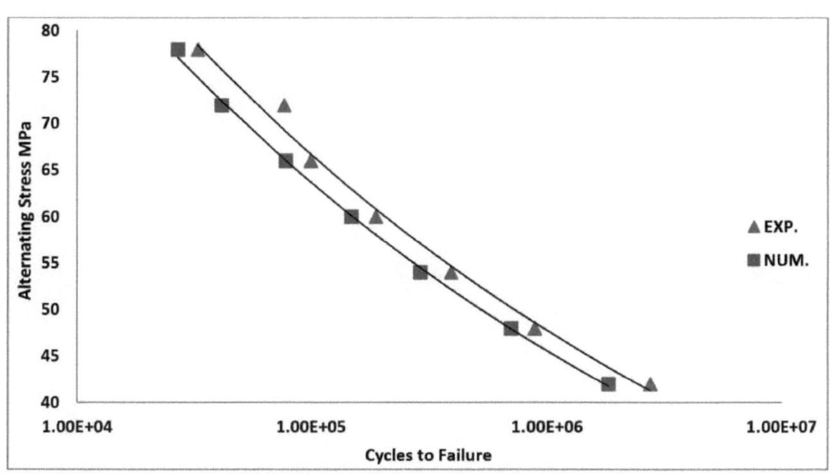

Fig. (5.20): Curvas S-N experimentais e numéricas de PEEK+30%GF.

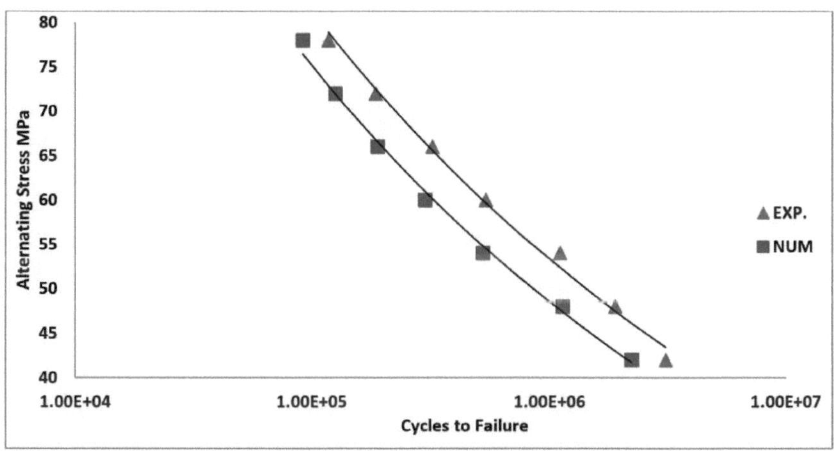

Fig. (5.21): Curvas S-N experimentais e numéricas do PEEK+30% CF.

As Figs. 5.22 e **5.23** mostram os dados experimentais e numéricos das curas S-N do PEEK virgem, PEEK+ 30% GF e PEEK+ 30%CF, respetivamente.

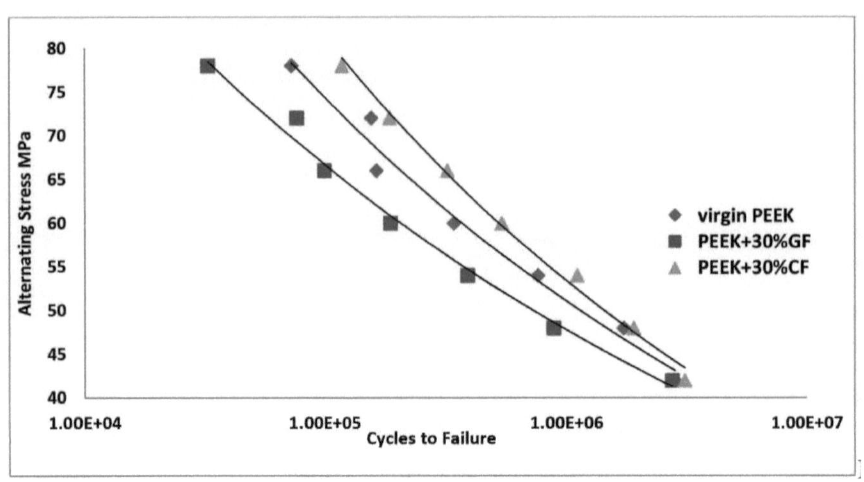

Fig. (5.22): Curva S-N experimental para PEEK virgem, PEEK+30%GF e PEEK+30%

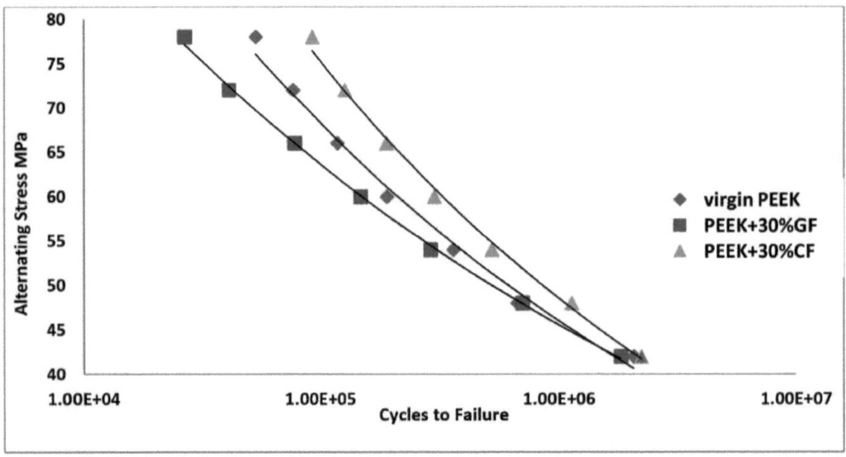

Fig. (5.23): Curva S-N numérica para PEEK virgem, PEEK+30%GF e PEEK+30% CF

Table (5(1) Dados S-N para curvas experimentais e numéricas de todas as amostras sem entalhe

.

Tensão alternada-MPa	Exp.	Num.	Exp.	Num.	Exp.	Num.
	Virgem PEEK		PEEK -	50 % GF	PEEK - 30 % CF	
	Ciclos até ao fracasso					
78	7.27E+04	5.33E+04	3.25E+04	2.67E+04	1.18E+05	9.19E+04
72	1.56E+05	7.65E+04	7.63E+04	4.10E+04	1.87E+05	1.27E+05
66	1.64E+05	1.18E+05	9.93E+04	7.76E+04	3.24E+05	1.90E+05
60	3.44E+05	1.91E+05	1.88E+05	1.48E+05	5.42E+05	3.02E+05
54	7.62E+05	3.63E+05	3.93E+05	2.91E+05	1.10E+06	5.27E+05
48	1.72E+06	6.72E+05	8.84E+05	7.06E+05	1.89E+06	1.13E+06
42	2.80E+06	2.05E+06	2.73E+06	1.82E+06	3.08E+06	2.21E+06

Table (5(2) Elucida as equações experimentais e numéricas das curvas S-N para todos os casos sem entalhe.

Tipo de material	Equação S-N	Limite de fadiga (Mpa)	*Erro de percentagem-idade % Eq.(2.7)*	*Erro global % Eq.(2.6)*
Virgin PEEK Exp.	$\sigma = 487,31\ N^{-0.163}$	51.26	10.8	2.765283
Virgin PEEK Num.	$\sigma = 492,31\ N^{-0.172}$	45.73		
PEEK - 30 % GF Exp.	$\sigma = 353,24\ N^{-0.145}$	47.65	4	1.905703
PEEK - 30 % GF Num.	$\sigma = 339,2\ N^{-0445}$	45.75		
PEEK - 30 % CF Exp.	$\sigma = 669,25\ N^{-0.183}$	53.4	8.7	2.134846
PEEK - 30 % CF Num.	$\sigma = 673,1\ N^{\cdot 049}$	48.76		

5.6.4.2 Sensibilidade à fadiga:

A sensibilidade à fadiga representa a relação entre o número de ciclos e a vida à fadiga, em que o número de ciclos varia em função da carga na localização crítica do modelo. A sensibilidade pode ser encontrada para a vida, danos ou fator de segurança. Quando a área sob a curva aumenta, é melhor para a amostra e esta é considerada na zona de segurança.

A **Fig. 5.24** apresenta as curvas de sensibilidade à fadiga; estas curvas mostram como os resultados de fadiga mudam com o carregamento na localização crítica do modelo e indicam como os ciclos mínimos de fadiga até à rotura na estrutura mudam em função do carregamento aplicado no valor do momento fletor de 3,7 N.m, que representa o momento fletor máximo que é aplicado em três tipos de materiais. Observa-se, a partir dos resultados de sensibilidade à fadiga, que o melhor número de ciclos aparece com um rácio de carga de aproximadamente 55% da carga máxima, em que o número de ciclos é constante. Além disso, nota-se a partir dos resultados de sensibilidade à fadiga que aparece uma clara redução no número de ciclos após o aumento da carga para 55%, e a redução no número de ciclos continua até atingir um rácio de carga de aproximadamente 100% da carga máxima, em que ocorre a falha da amostra e o número de ciclos é zero.

A partir destes resultados, mostra-se que a sensibilidade à fadiga do compósito (PEEK+30% GF) representa o pior rácio em comparação com outros compósitos, em que o número de ciclos diminui de forma acentuada, conduzindo assim a um declínio acentuado da curva. Enquanto que o compósito (PEEK+30%CF) representa o melhor rácio de sensibilidade à fadiga em comparação com outros compósitos, onde o número de ciclos diminui menos severamente. Esta interpretação é verdadeira quando aplicada ao momento fletor mínimo (2,1 N.m), como se mostra na **Fig. 5.25**.

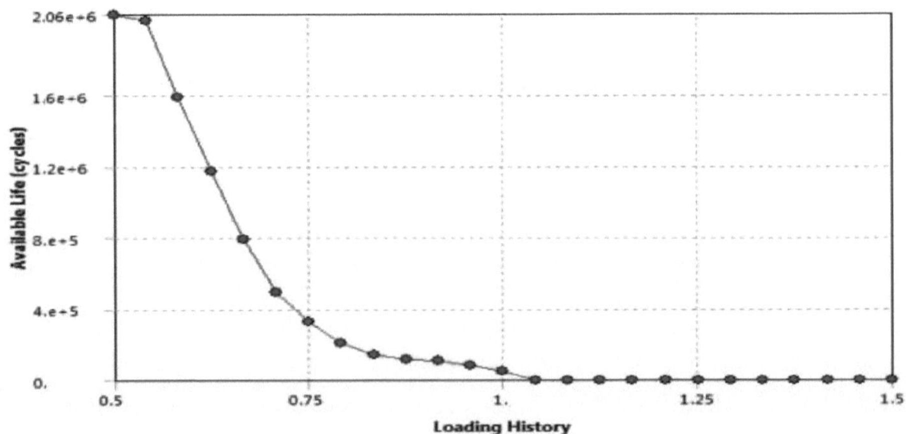

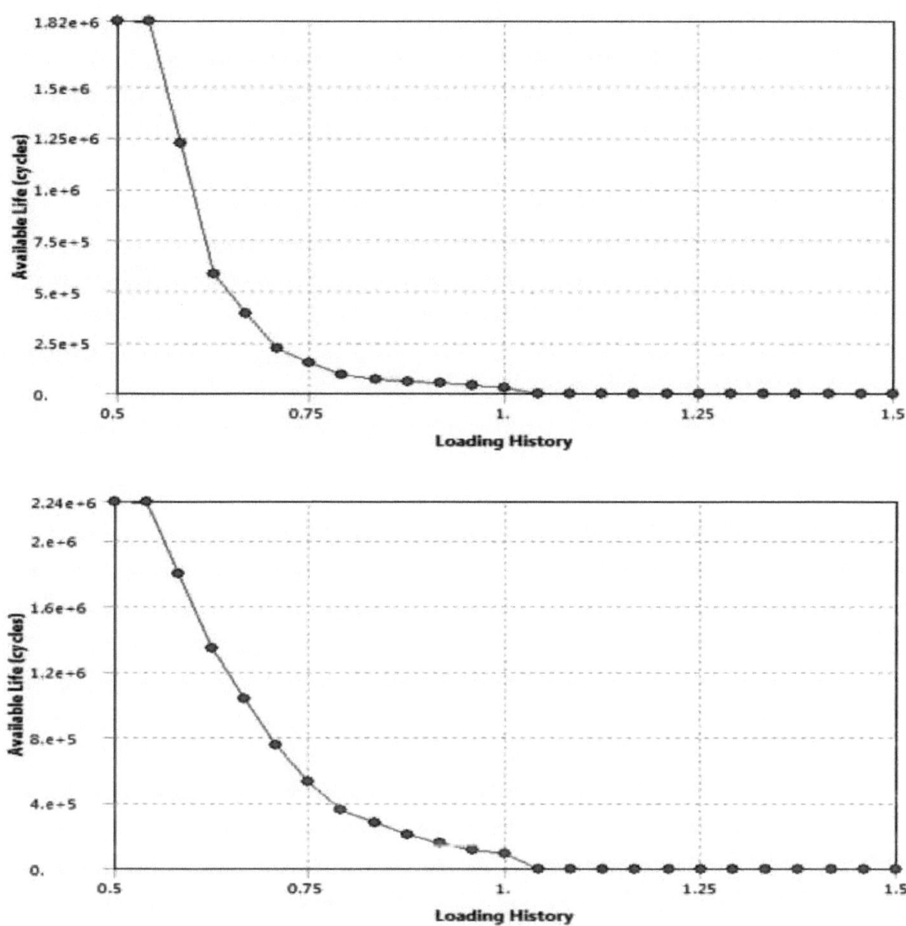

Fig. (5.24): Sensibilidade à vida à fadiga para materiais compósitos no momento de flexão máximo.

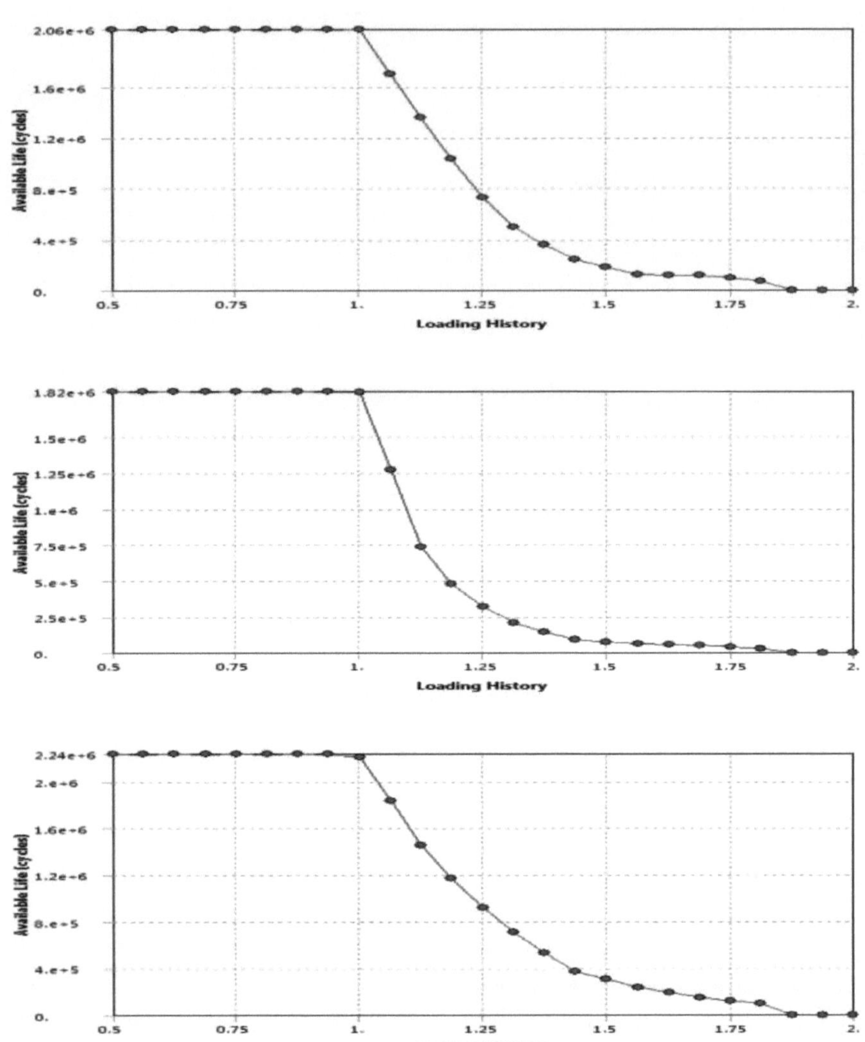

Fig. (5.25): Sensibilidade à vida à fadiga para materiais compósitos com momento fletor mínimo.

5.6.4.3 Efeito do entalhe :

A profundidade do entalhe (1mm) tem um efeito pontual na vida onde a tensão máxima diminui de (78MPa para 30MPa) em que o valor máximo do momento fletor é (1.5N.m) e o valor mínimo do momento fletor é (0.9N.m). Para determinar o tempo de vida útil, é apresentado o resultado numérico do número de ciclos utilizando ANSYS 14.0. **A Fig. 5.26** mostra a simulação numérica.

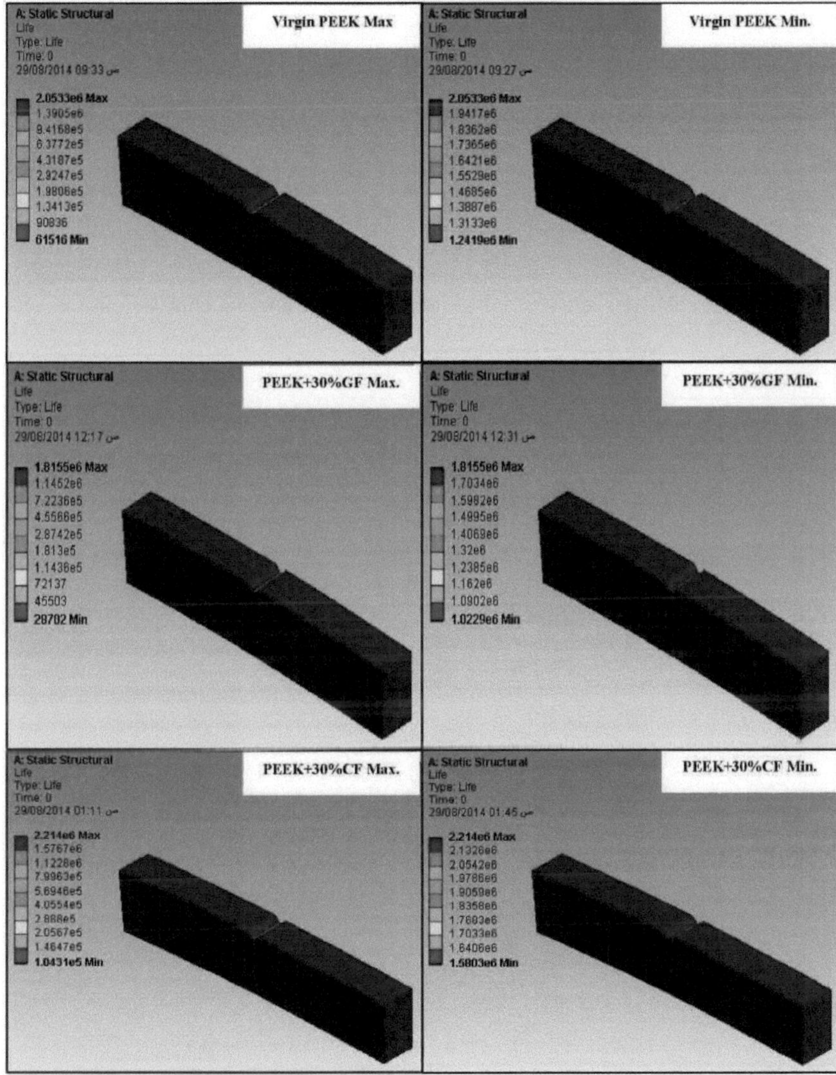

Fig. (5(26) Contorno do tipo de vida Max. e Min. Momento fletor para entalhe de PEEK virgem, PEEK+30% GF, e PEEK+30% CF.

As Figs. 5.27, 5.28 e 5.29 mostram estes resultados, que concordam com os resultados das amostras sem entalhe, mas com valores mais baixos.

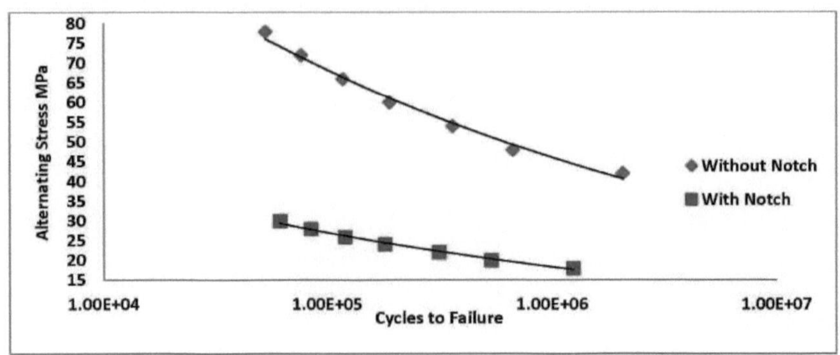

Fig. (5(27) Comparação das curvas S-N entre o PEEK virgem com entalhe e sem entalhe

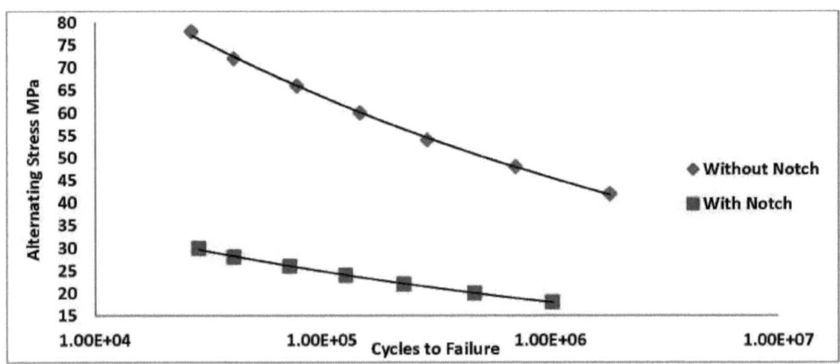

Fig. (5(28) Comparação das curvas S-N entre entalhe e sem entalhe Amostra de PEEK+30%GF.

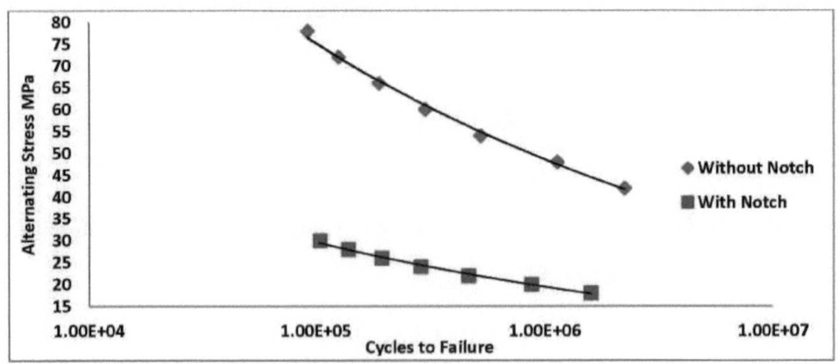

Fig. (5(29) Comparação das curvas S-N entre entalhe e sem entalhe PEEK+30% CF.

Tabela (5.3): Dados S-N para curvas numéricas de todas as amostras de entalhe.

Tensão alternada - MPa	Virgem PEEK	PEEK - 30 % GF	PEEK - 30 % CF
	Ciclos até ao fracasso		
30	61516	28702	104310
28	84677	41008	139450
26	121050	72331	195350
24	182680	127900	289400
22	316360	229960	466140
20	538990	469040	872970
18	1241900	1022900	1580300

Tabela (5.4): Elucida as equações numéricas das curvas S-N para todos os casos de entalhe

e a diferença do limite de fadiga entre os casos sem entalhe e com entalhe.

Tipo de material.	Equação S-N	Limite de fadiga (Mpa)	Diferença
Virgem PEEK	σ = 492,31 N''0 -.172	45.73	27.48
Virgem PEEK	σ = 193,78N^ .0171	18.25	
PEEK - 30 % GF sem entalhe	σ = 339,2 N'0445	45.75	27.73
PEEK - 30 % GF com entalhe	σ = 126,44N^ .0141	18.025	
PEEK - 30 % CF sem entalhe	σ = 673,1 N'049	48.76	29.37
PEEK - 30 % CF com entalhe	σ = 249,82N^0485	19.39	

5.6.4.4 Efeito da temperatura elevada:

Todas as propriedades mecânicas, como a resistência à tração final e o módulo de elasticidade (E), diminuem a 150^{t} C e têm um efeito no comportamento à fadiga dos materiais.

Esta temperatura é aplicada apenas utilizando a simulação numérica do ANSYS 14.0 e esta temperatura é aplicada apenas ao PEEK virgem porque as fibras de carbono e de vidro não são afectadas a 150 C, enquanto a matriz de PEEK foi afetada.

Os resultados numéricos mostram que o PEEK suporta temperaturas elevadas, onde a tensão máxima diminui de (78Mpa para 56 Mpa) e o valor máximo do momento diminui para (2,8N.m) e o valor mínimo é (1,5N.m). Para encontrar a quantidade de vida útil, é necessário mostrar o resultado numérico do número de ciclos utilizando o ANSYS 14.0, como mostra a **Fig. 5.30. A Fig. 5.31** mostra a curva S-N e a comparação da vida útil à temperatura ambiente e à temperatura de 150^t C, bem como a curva é ilustrada usando a equação S-N.

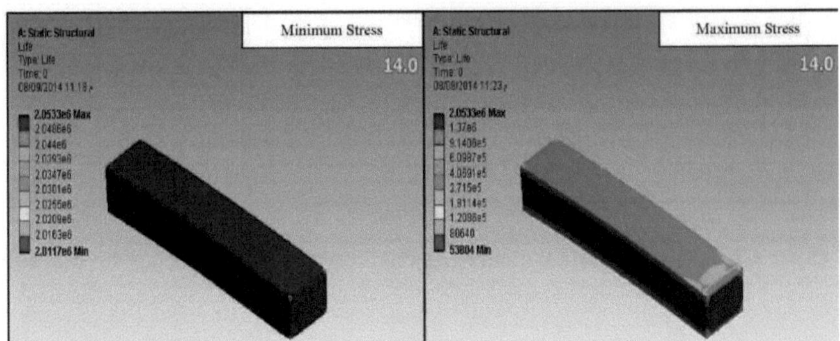

Fig. (5.30): Contornos do Tipo de Vida no Máximo e no Mínimo. Momento de flexão para PEEK virgem a 150^t C Temperatura.

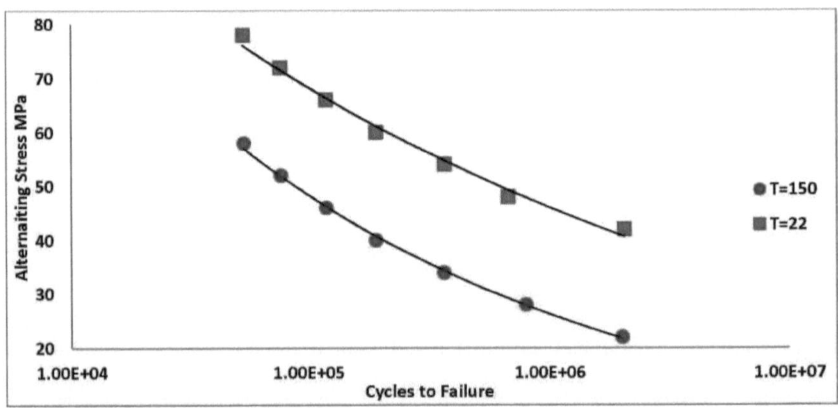

Fig. (5.31): Comparação dos resultados das curvas S-N entre o PEEK virgem à temperatura ambiente e o PEEK virgem à temperatura de 150 C.

Tabela (5.5): Dados S-N para curvas de temperatura ambiente e alta temperatura.

Tensão alternada - MPa	Ciclos até à rotura para T=22 C°	Ciclos até à falha para T=150 oC
58	5.33E+04	5.38E+04
52	7.65E+04	7.70E+04
46	1.18E+05	1.18E+05
40	1.91E+05	1.91E+05
34	3.63E+05	3.61E+05
28	6.72E+05	7.95E+05
22	2.05E+06	2.01E+06
Equação S-N	$\sigma = 492{,}31N^{0}{}^{-.172}$	$\sigma = 1029{,}8N^{0}{}^{-.266}$

5.7 Teste SEM:

O SEM permite uma ampliação maior do que a microscopia ótica, o que permite observar a superfície e a região de fratura do PEEK e do seu compósito. **As Figs. (5.32), (5.33) e (5.34)** mostram a imagem da superfície SEM do PEEK virgem, (PEEK+30% GF) e (PEEK+ 30% CF), respetivamente, para mostrar os vazios e as fissuras nas superfícies dos três materiais, onde as propriedades mecânicas, especialmente as propriedades de fadiga, são grandemente afectadas pelas fissuras e pelos vazios.

Como se pode ver nas **Figs. 5.32, 5.33 e 5.34,** as superfícies dos materiais contêm pequenas fissuras e estas fissuras têm um efeito adverso nas propriedades mecânicas, especialmente na vida à fadiga. Por isso, é muito importante controlar estas fissuras e espaços vazios durante o fabrico e as condições de processamento e encontrar as formas corretas de reduzir estas fissuras e espaços vazios para aumentar as propriedades mecânicas, como a propriedade de fadiga.

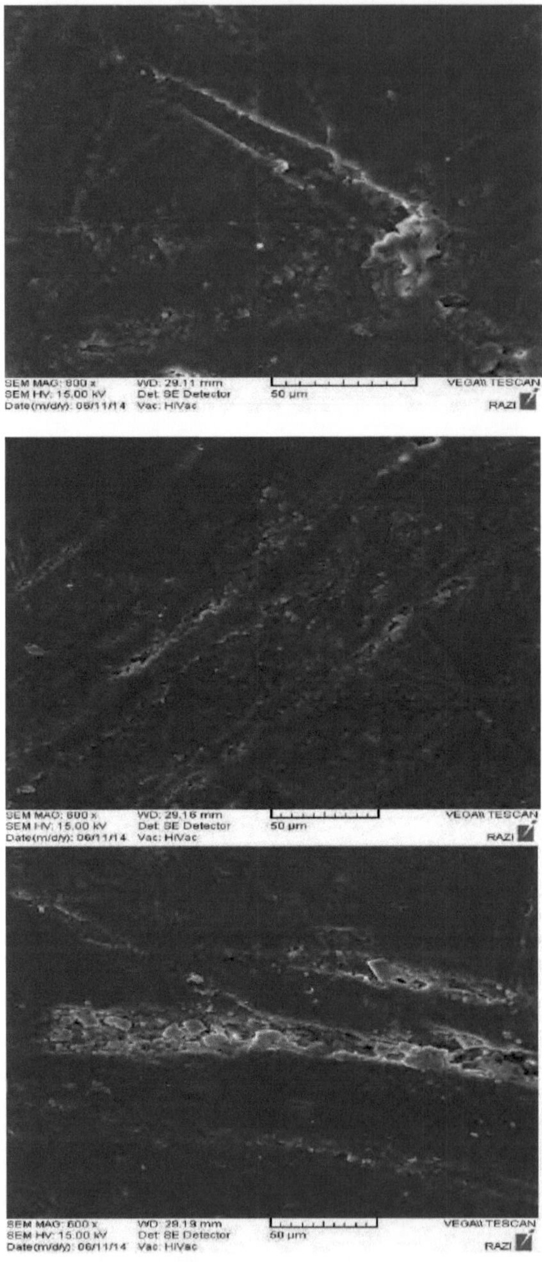

Fig. (5.32): Imagem da superfície da Virgem PEEK.

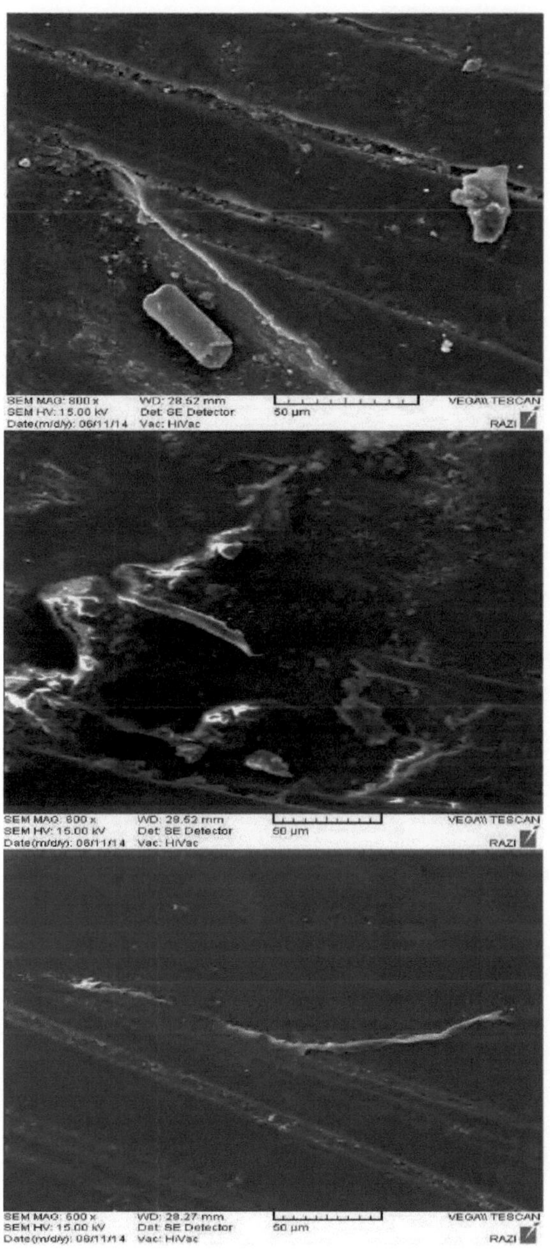

Fig. (5.33): Imagem da superfície do (PEEK+30% GF).

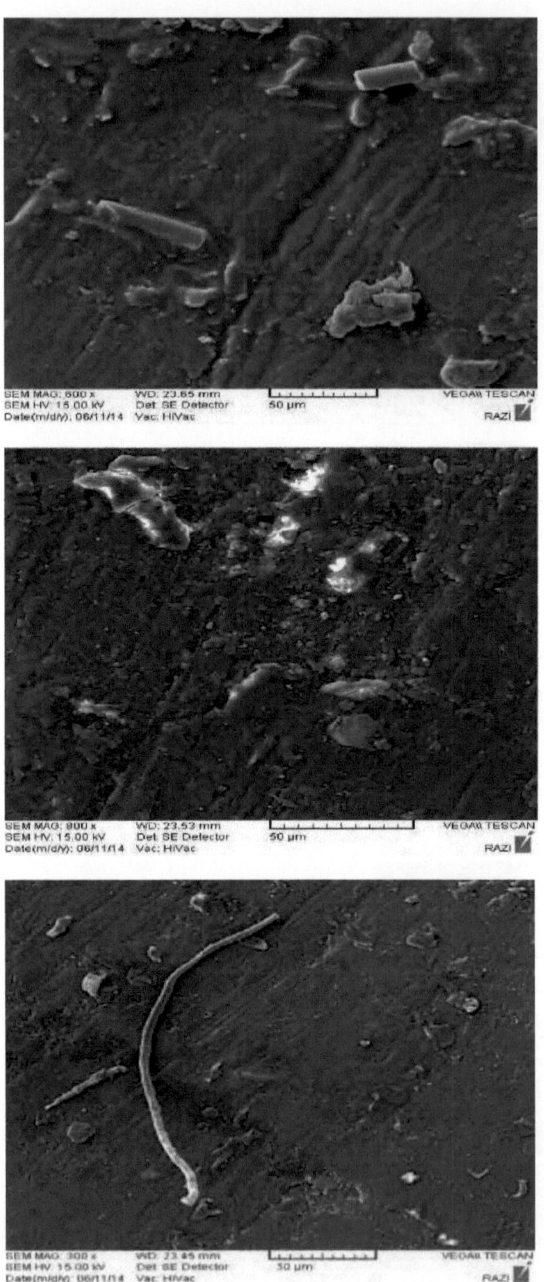

Fig. (5.34): Imagem da superfície do (PEEK+ 30% CF).

As micrografias SEM na **Fig. 5.35: A** mostram a região de fratura do PEEK virgem, onde a falha ocorre devido ao crescimento das fissuras de iniciação, resultando assim na falha. **A Fig. 5.35: B** mostra a região de fratura do PEEK+30%GF, onde muitas fibras foram quebradas devido à elevada fragilidade do GF, e a fenda propagou-se ao longo da interface fibra-matriz, como se pode ver na imagem SEM. Além disso, um dos parâmetros importantes que afecta a FG é a diminuição da cristalinidade do PEEK virgem, o que provoca uma ligação fraca entre a fibra e a matriz, ao contrário do que acontece com as fibras de carbono, em que a ligação fraca entre a fibra e a matriz acelera a fratura.

Devido às condições especiais de processamento que a FC necessita, como a alta pressão, a superfície da região de fratura parece lisa. Além disso, o elevado nível cristalino da CF provoca uma forte ligação com a matriz PEEK, como se mostra na **Fig. 5.35: C**.

O aumento da deflexão devido ao aumento da resistência, de acordo com a equação (4.5), provoca fracturas rápidas e acentuadas, como se pode ver em todas as fracturas máximas do PEEK e do seu compósito, enquanto que a diminuição da deflexão provoca uma diminuição da carga no material e resulta em fracturas ligeiras e lentas, como se pode ver na **Fig. 5.35**. Para além do ensaio SEM, o ensaio de espetroscopia de raios X por dispersão de energia (EDS) é utilizado para analisar os elementos dos materiais e a sua composição [mais pormenores no apêndice A].

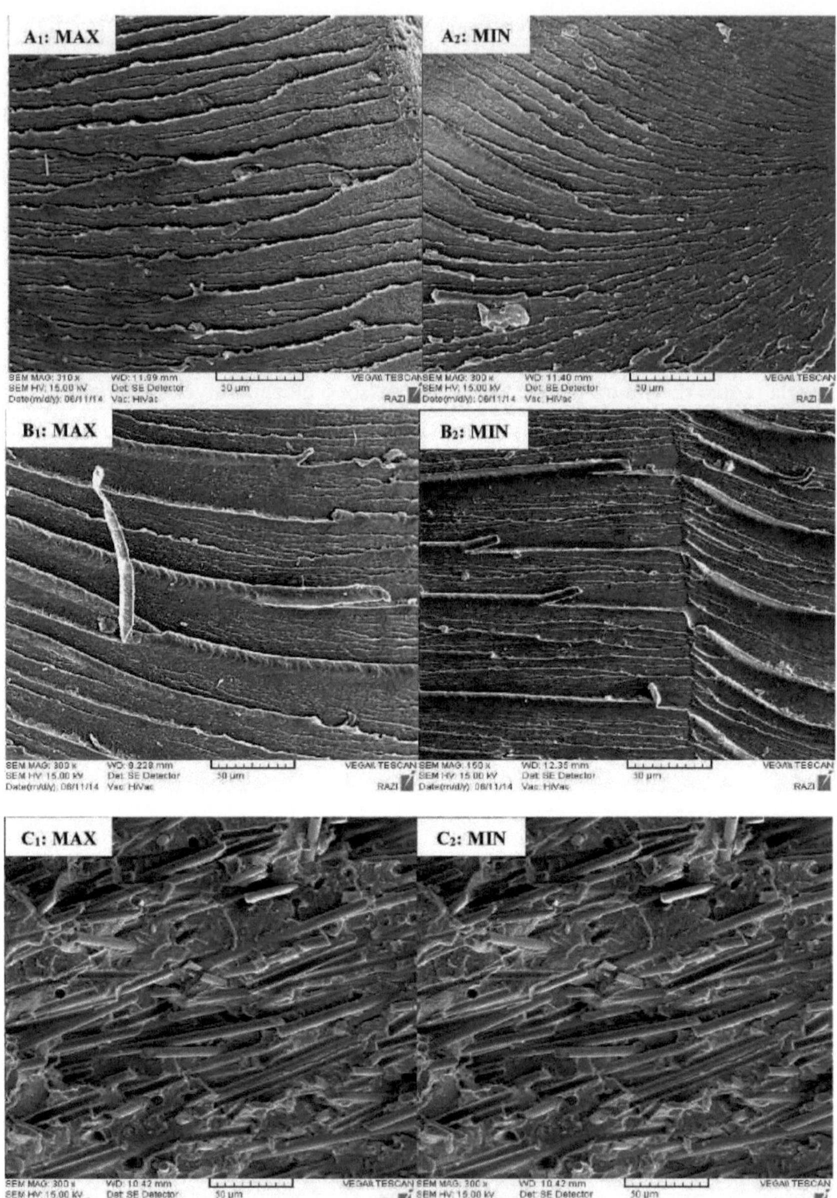

Fig. (5.35): Imagem SEM em Max. e Min. Momento de Flexão Sequencialmente Fratura

Região do ensaio de fadiga do (A1 e A2) PEEK virgem, (B1 e B2): (PEEK+30% GF) e (C1 e C2): (PEEK+ 30% CF).

5.8 Conclusões e recomendações

5.8.1 Conclusões:

De acordo com os resultados obtidos e a sua discussão, foram obtidas as seguintes conclusões[94]:

1. Os resultados da DSC mostram que 30% de CF aumenta o nível cristalino do PEEK virgem, enquanto 30% de GF diminui o nível cristalino.

2. As propriedades mecânicas (fadiga, tração e impacto) aumentaram claramente em 30% do compósito reforçado com CF, enquanto estas propriedades mecânicas diminuíram em 30% do reforçado com GF.

3. O ANSY 14.0 workbench é uma boa ferramenta para a modelação do ensaio de fadiga utilizando o MEF, onde os resultados numéricos mostraram uma boa concordância com os resultados experimentais, em que a percentagem de erro não excede os 11%.

4. As temperaturas de entalhe e de 150^0 C diminuíram a vida à fadiga do material compósito.

5. O PEEK é considerado uma escolha adequada para o fabrico de aeronaves, com uma redução significativa do custo e do peso em comparação com as ligas de alumínio e titânio.

5.8.2 Recomendações:

As recomendações para trabalhos futuros são [94]:

1- Estudo do comportamento à fadiga de diferentes sistemas de polímeros, como PPS e PEI, com diferentes tipos de polímeros reforçados e diferentes tipos de fibras, como a fibra Kevlar.

2- Estudar o efeito de temperaturas baixas e altas no comportamento à fadiga de materiais compósitos termoplásticos.

3- Fabrico de material compósito local e estudo de todas as propriedades que são utilizadas neste trabalho e comparação com os resultados dos materiais compósitos fabricados na China.

4- Estudar a possível utilização do PEEK e dos seus materiais compósitos noutras aplicações, tais como outras partes da aeronave ou asas de aeronaves.

Capítulo VI

Outros tópicos relacionados com o comportamento à fadiga do PEEK

6.1 Introdução: São muitos os factores que afectam a resistência à fadiga e estes factores estão divididos em três grupos principais:

1. Factores mecânicos: todos os factores associados ao tipo de tensão aplicada, à configuração de engenharia, às dimensões, às formas geométricas e às zonas de concentração de tensões, bem como à qualidade da superfície dos materiais da pena sob carga.

2. Todos os factores relacionados com a microestrutura do material: Estes factores incluem a construção da estrutura do material e os seus defeitos internos e todos os mecanismos que aumentam a resistência do material e aumentam a tenacidade e a resistência à propagação de fissuras

3. Factores ambientais: Todos os factores ambientais são determinantes para a resistência do material à fadiga, tais como a temperatura, a humidade, os fluidos, a luz e a radiação

4. Assim, é preciso salientar que os polímeros de alto desempenho, como a poli éter éter cetona, podem melhorar a sua resistência à fadiga, melhorando as caraterísticas estruturais que têm a ver: como o grau de cristalização e a tenacidade.

6-2 cristalização e tenacidade.

As poli (aril éter cetonas) são utilizadas como matrizes em compósitos avançados com elevado desempenho devido à sua elevada estabilidade térmica, excelente desempenho ambiental e propriedades mecânicas superiores. A maioria das propriedades físicas, mecânicas e termodinâmicas dos polímeros semi-cristalinos dependem do grau de cristalinidade e da morfologia das regiões cristalinas. Assim, existem vários estudos sobre o processo de cristalização que promovem uma boa previsão de como os parâmetros de fabrico afectam a estrutura desenvolvida, e as propriedades do produto final[95] a partir deste estudo é muito claro o efeito da taxa de arrefecimento e da temperatura como condição de processamento na taxa de cristalização, como se mostra nas figuras (6-1), (6-2) e (6-3).

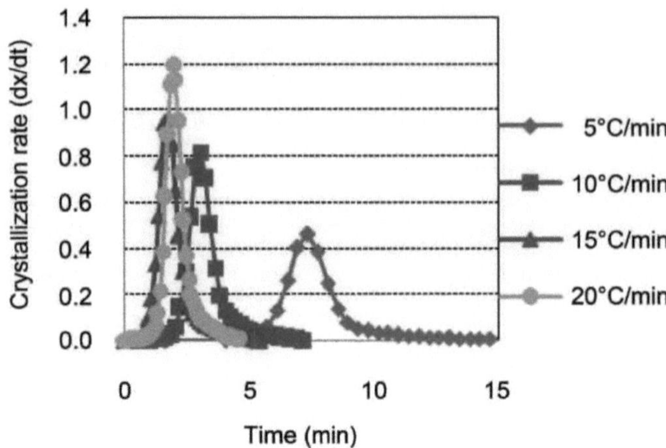

Fig. (6(1) Curvas da taxa de cristalização versus temperatura para PEEK para as taxas de aquecimento

: (a) 5°C/min; (b) 10°C/min; (c) 15°C/min; (d) 20°C/min [95].

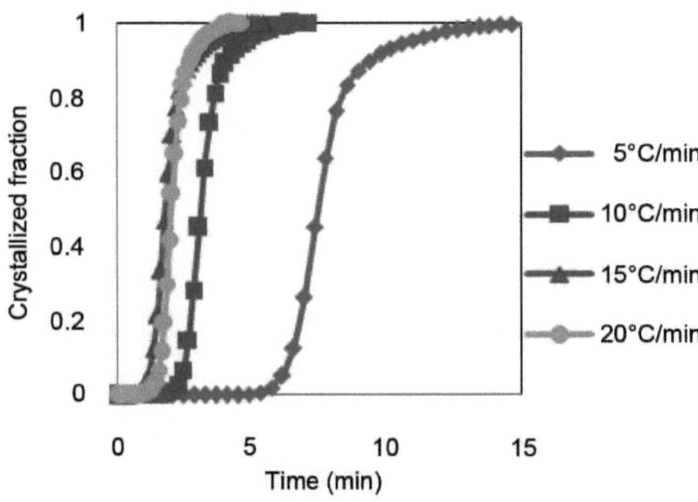

Fig. (6(2) Fração de material cristalizado versus tempo para as taxas de aquecimento de 5, 10,

15 e 20°C/Min [95].

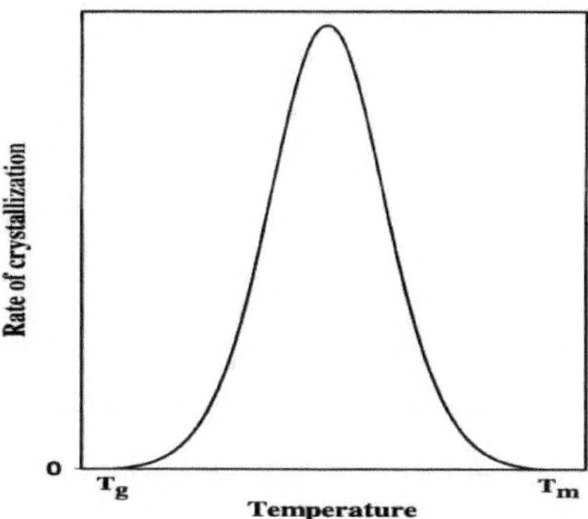

Fig. (6(3) Dependência da taxa de cristalização com a temperatura [96].

Um outro estudo mostra que, embora as propriedades físicas e mecânicas dos polímeros semi-cristalinos dependam muito do seu grau de cristalinidade, a excelente resistência à fissuração por tensão de solvente do PEEK só se verifica se este for suficientemente cristalino. Além disso, embora um aumento do grau de cristalinidade possa melhorar ligeiramente as propriedades de tração do PEEK, para o mesmo aumento de cristalinidade (de 27 para 43%), a resistência à fratura em modo I do polímero demonstrou diminuir por um fator de quase 3 devido ao conteúdo amorfo reduzido [96] [97], onde é muito claro a partir da tabela (6-1) que mostra que as propriedades de tração das amostras de PEEK são alteradas com vários graus de reticulação e cristalinidade (conforme determinado por DSC) [97].

Tabela (6-1): Mostra as propriedades de tração das amostras de PEEK com vários graus de ligações cruzadas e cristalinidade (conforme determinado por DSC), [97].

Nome da amostra	Victrex 151G	PEEK 5%	PEEK 10%
Cristalinidade	29%	11%	0%
Módulo de Young a 220 _C, MPa 443 180 6	443	180	6
Elongação final a 220 _C, %	215	41	28

Também existe outro estudo sobre os vários tratamentos térmicos aplicados aos compósitos C-PEEK (cristalização isotérmica (IC), recozimento (A + A) e têmpera + recozimento (Q + A)) sobre a resistência à fratura, como se mostra na figura (6-4) [98]. Verifica-se que os valores mais elevados de resistência à fratura se encontram nas amostras IC que dependem do caso de cristalização. .

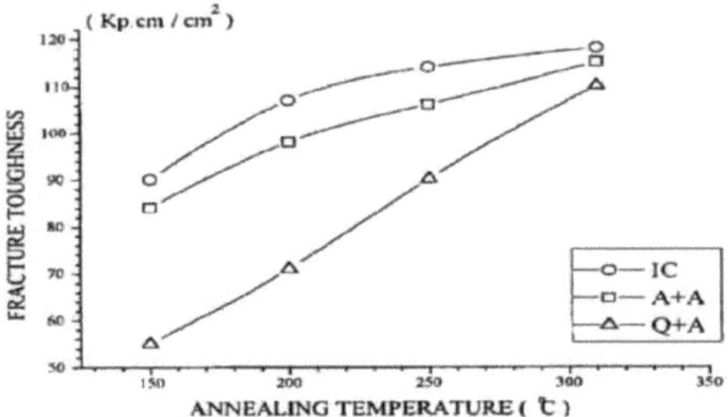

Fig. (6.4): Valores de Resistência à Fratura das Amostras [98].

Para além dos estudos de revisão, existe alguma literatura que relata esta relação para o PEEK e o seu compósito. Tanto o PPS como o PEEK são polímeros termoplásticos semi-cristalinos e exibem um comportamento semelhante. Talbott et al, mencionado na referência [99], apresenta as propriedades mecânicas em função da cristalinidade e a cristalinidade depende da taxa de arrefecimento durante o fabrico. No caso do PEEK 150P puro, a cristalinidade varia de cerca de 40% para taxas de arrefecimento próximas de 0,0°

F/min a cerca de 3% para taxas de arrefecimento próximas de 10.000 F/min. Além disso, a resistência à tração e o módulo, a resistência ao cisalhamento e o módulo, a resistência à compressão e a tenacidade à fratura do modo I são relatados como funções da cristalinidade. A Tabela [6-2] resume as descobertas de Talbott[99].

Tabela [6-2] Propriedades do PEEK 150P puro em função da cristalinidade[99]

Imóveis	**@ 15% Cristalinidade**	**@ 40%Cristalinidade**	**Variação (%)**
Módulo de tração (ksi)	500	650	23
Resistência à tração (ksi)	10	14	29
Módulo de cisalhamento (ksi)	175	200	13
Resistência ao cisalhamento (ksi)	6	9	33
Resistência à compressão (ksi)	22	25	12
Resistência à fratura, modo I (ksi em^{0} ·)^{5}	10	13	-70

Os dados da Tabela [6-2] indicam que, em geral, as propriedades do PEEK puro aumentam com o grau de cristalinidade. A exceção a esta tendência é a resistência à fratura do modo I. Esta propriedade diminui 70% do seu valor a 15% de cristalinidade.

A resistência à fratura e a energia de fratura de um APC-2 (fibra de carbono/matriz PEEK) foi também investigado por Talbott. A resistência à fratura em modo um e a energia de fratura diminuíram numa gama de cristalinidade da matriz de 0 a 35%. Estes decréscimos foram de 32% e 15%, respetivamente[99]. De todos os estudos e trabalhos anteriores, a resistência à fadiga é uma função de todas estas propriedades mecânicas dependentes. Estas propriedades são uma função da microestrutura dos materiais, como o grau de cristalização, pelo que é muito importante controlar a estrutura dos polímeros termoplásticos e estudar todos os parâmetros que afectam a estabilidade da microestrutura e as propriedades com ela relacionadas.

6-3 Conclusões

Com base nos estudos anteriores, as conclusões são as seguintes

1-Verifica-se que o grau de cristalização aumenta com a temperatura e com o tempo de recozimento para o revenido.

2-As propriedades mecânicas aumentam com o grau de cristalização. O tipo de cristais é muito importante para a resistência à fratura dos compósitos.

3-As propriedades mecânicas dos compósitos de matriz termoplástica dependem significativamente dos parâmetros da microestrutura, tais como o grau e o tipo de cristais. O tamanho das esferulites é controlado através do controlo do tratamento térmico durante o fabrico dos compósitos) e pela microestrutura da fibra, que determina a capacidade de desenvolver uma camada transcristalina. Há várias indicações de que os materiais arrefecidos lentamente ou recozidos, que têm uma estrutura cristalina totalmente desenvolvida, apresentam melhores propriedades mecânicas. Do mesmo modo, a presença de transcristalinidade demonstrou influenciar o desempenho mecânico através do seu efeito na ligação fibra/matriz e no mecanismo de transferência de tensões.

4 - É possível controlar a microestrutura, especialmente a cristalinidade de uma peça fabricada a partir de PEEK, utilizando ciclos de aquecimento e arrefecimento adequados. Já é bem conhecido que existe uma relação importante entre a cristalinidade e as propriedades mecânicas.

5-O nível de cristalinidade também afecta a resistência a ambientes hostis, além disso, a obtenção de um nível desejado de resposta mecânica acima da temperatura de transição vítrea também é influenciada pelo nível de cristalinidade. Naturalmente, não só o grau de cristalinidade afecta as propriedades mecânicas, como também a morfologia detalhada da fase cristalina será importante

6-O papel da interfase fibra/matriz nos materiais compósitos é atualmente objeto de um número crescente de estudos. Uma interfase é uma terceira fase intermédia, relativamente espessa, presente entre os constituintes. As suas propriedades elásticas e mecânicas são especificamente concebidas para produzir um determinado efeito no desempenho global do material compósito.

Referências:

1. Albert Holder, **"Structural Composite Material"**, Material Science and Engineering, Copyright© Attribution Non-commercial, 2013.

2. Golam M. Newaz, **"Advance in Thermoplastic Matrix Composite Materials"**, Copyright By American Society for Testing and Materials, 1989.

3. D. R. Mertz, M. J. Chajes, J. W. Gillespie, Jr., e D. S. Kukich, "Application of Fiber Reinforced Polymer Composites to Highway Infrastructure", Universidade de Delaware, Newark, DE, Copyright© Transportation Research Board 2003. e D. S. Kukich, **"Application of Fiber Reinforced Polymer Composites to the Highway Infrastructure"**, Universidade de Delaware, Newark, DE, Copyright© Transportation Research Board, 2003.

4. Yongming Liu, Sankaran Mahadevan , **"Probabilistic Fatigue Life Prediction of Multidirectional Composite Laminates"**, Elsevier Ltd , Box 1831-B, Nashville, TN 37235, Vanderbilt University, USA , 2004.

5. G. Di Franco, G. Marannano, A. Pasta e G. Virzl' Mariott, **"Design and Use of a Fatigue Test Machine in Plane Bending for Composite Specimens and Bonded Joints"**, Università degli Studi di Palermo, Itália, 2011.

6. M.N. Abouelwafa, Hassan El-Gamal, Yasser S. M. e Wael A. Al-Tabey, **"The Effect of Hoop Stress on the Fatigue Behavior of Woven-Roving GFRE Closed End Thick Tube Subjected to Combined Bending Moments and Internal Hydrostatic Pressure"**, Faculdade de Engenharia, Universidade de Alexandria, Egito, 2013.

7. Sanjay Mathur Prakash Chandra Gope e J. K. Sharma, **"Prediction of Fatigue Lives of Composites Material by Artificial Neural Network"**, Documento 260, Actas da Conferência e Exposição Anual da SEM, Springfield, Massachusetts, Copyright Society for Experimental Mechanics, Inc, Bethel, CT USA, 2007.

8. F.C. Campbell, **"Manufacturing Technology for Aerospace Structural Materials"**, Copyright© Elsevier Ltd, 2006.

9. Rodney W. Nichols, Presidente **"Advanced Materials by Design"**, Cartão de Catálogo da Biblioteca do Congresso Número 87-619860, Washington, 1988.

10. Dr. Douglas S. Cairns, **"Composite Materials for Aircraft Structures"**, Montana State University, 2009.

11. Bryan Harris, **"Engineering Composite Materials"**, Londres, 1999.

12. Roger Vodicka, **"Thermoplastics for Airframe Applications A Review of the Properties and Repair Methods for Thermoplastic Composites"**, Airframes and Engines Division Aeronautical and Maritime Research Laboratory, © Commonwealth of Australia, 1996.

13. Anahi, Edson, Michelle Leali Costa, José, "A **Review of Welding Technologies for Thermoplastic Composites in Aerospace Applications",** Universidade Estadual Paulista ,Brazil, Vol.4, No 3, pp. 255-265, Jul.-Sep., 2012.

14. John Walling, **"Replacing Metals with PEEK (Poly ether ether ketone)",** Universidade de Michigan, Estados Unidos, 2013.

15. M. Naghipour, H. M. Daniali e S.H.A. Hashemi, **"Simulação numérica de placas compostas a utilizar na otimização do tabuleiro de uma ponte móvel",** World Applied Sciences Journal 4 (5): 681-690, 2008.

16. Dr. Najim A. Saad e Dr. Ahmed F. Hamzah, **"Estudo do comportamento à fadiga de materiais compósitos à base de sulfureto de polifenileno (PPS) reforçados com fibra de vidro e carbono"**, o Jornal Internacional de Engenharia e Tecnologia, Volume 3, No.4, ISSN 2049-3444, PP 1-15, 2013.

17. Prof. Dr. Najim A.Saad, Asist. Dr. Mohammed S. Hamzah, e Dr. Ahmed F. Hamzah, **"Investigação numérica e experimental das propriedades de tração do material compósito de base de sulfureto de polifenileno"**, Iraqi Journal for Mechanical and Engineering, edição especial para a segunda conferência científica internacional, College of Engireeng Material, PP 1-22 Babylon University, Iraque, 2013.

18. Yau S.S. e Chou T.W, **"Flexural Fatigue of Short Fiber Reinforced PEI, PES, and PEEK Thermoplastics" (Fadiga por flexão de termoplásticos PEI, PES e PEEK reforçados com fibras curtas). In: Advancing Technology in Materials and Processes"**, vol. 30; PP, 13-406, 1985.

19. K. Friedrich, R. Walter, H. Voss, J. Karger-Kocsis, **"Effect of Short Fiber**

Reinforcement on the Fatigue Crack Propagation and Fracture of PEEKMatrix Composites", Universidade Técnica de Hamburgo-Harburg /Alemanha, 1986.

20. D.C. Curtis, D.R. Moore, B. Slater, e N. Zahlan , **"Fatigue Testing of MultiAngle Laminates of CF/PEEK",** Elsevier, Volume 19, Número 6, pp 446-452, Reino Unido, 1988.

21. Alexander Tregub, Hannah Harel e Gad Marom g, **"The Influence of Thermal History on The Mechanical Properties of Poly(Ether Ether Ketone) Matrix Composite Materials"**, Elsvier, Volume 48, Números 1-4, Páginas 185-190 Universidade de Trento/ Itália, 1993.

22. Imad Al-Hmouz**, "The Effect of Loading Frequency and Loading Level on The Fatigue Behavior of Angle-Ply of Carbon/PEEK Thermoplastic Composites",** Tese de Mestrado no Departamento de Engenharia Mecânica**.** Concordia University Montreal, Canadá, 1997.

23. E. Kristofer Gamstedt, Lars A Berglund ,e Ton Peijs, **"Studying Fatigue Mechanisms in Unidirectional Glass-Fiber-Reinforced Polypropylene",** Volume 59, Número 5, Páginas 759-768, Universidade de Tecnologia, Suécia, 1999.

24. M.S. Abu Bakar, M.H.W. Cheng, S.M. Tang, S.C. Yu, K. Liao, C.T. Tan, K.A.Khor ,e P. Cheang, **"Tensile Properties, Tension-Tension Fatigue and Biological Response of Poly Ether Ether Ketone-Hydroxyapatite Composites for Load-Bearing Orthopedic Implants"**, Elsevier, Volume 24, Issue 13, Pages 2245-2250,Technological University, 2003.

25. Hua Fu, Bo Liao1, Yu-Hui Wang1, Fu-Ren Xiao1, e Bao-Chen Sun3, **"Thermal Stability of Poly(Ether Ether Ketone) Composites Reinforced by Stainless Steel and Carbon Fibers Under Dry-Sliding Friction and Wear Conditions"**, Iranian Polymer Journal, Volume 17 Number 7,PP 494-501 , Yanshan University/ China, 2008.

26. Dr. Muhannad Z. Khelifa, e Hayder Moasa Al-Shukri**, "Estudo da fadiga do compósito de poliéster reforçado com fibra de vidro sob carga totalmente invertida And Spectrum Loading"**, Eng. & Technology, Vol. 26, No.10, PP 1210-1224, Iraq/ Eng.&Technology, 2008.

27. Mohammed Hussein , Hassan e Ekram .A.AL-Ajaj , **"Fatigue Behavior of Chopped Carbon Fiber Reinforced Epoxy Composites"**, Iraqi Journal of Physics, 2010 Vol. 8, No.11, PP. 110 - 117, Universidade de Bagdade, Iraque, 2010.

28. Prof. Dr. Muhsin J. Jweeg, Dr. Ali Hussain Al-Hilli, e Hussain Mohan Suker, **"Experimental Study of Fatigue Characteristics of Laminated Composite Plates"**, Número 2 Volumes 16, PP 5185-5198, Journal of Engineering, Nahrain University/ Iraque, 2010.

29. Ali S. Hammood, Muhannad Al-Waily e Ali Abd. Kamaz, **"Effect of Fiber Orientation on Fatigue of Glass-Fiber Reinforcement Epoxy Composite Material"**, Iraqi Journal For Mechanical And Material Engineering, Vol.11, No.2, PP 344-359, Kufa University/ Iraq, 2011.

30. Khalid Rashid al-Rawi , Haris Ibrahim Jaafar, Hind Walid Abdullah , **"The Study of Fatigue Behavior of Epoxy Composites Reinforced By Glass And Kevlar Fibers"**, Vol: 8 No: 3, ISSN: 2222-8373, PP 120-132 ,University of Deyala /Iraq,2012.

31. H. Xin, D.E.T. Shepherd, K.D e Dearn, **"Strength of Poly-Ether-Ether- Ketone: Effects of Sterilisation and Thermal Ageing"**, Universidade de Birmingham, Edgbaston, Birmingham, B15 2TT, Reino Unido, 2013.

32. Ahmed Fadhil Hamzah, **"Novel Study on Composite Materials for Airframe Structure"**, tese de doutoramento, Universidade de Tecnologia do Iraque, 2013.

33. A. Avanzini ,G. Donzella, D. Gallina, S. Pandini, C. Petrogalli , **"Fatigue Behavior and Cyclic Damage of Peek Short Fiber Reinforced Composites"**, Elsevier , Volume 45, Issue 1, fevereiro de 2013, Páginas 397-406, Universidade de Brescia- Itália, 2013.

34. Moyed A. Al-Nueimi , Edrees E. Al-Obeidi , **"O efeito das fibras (E-Glass) e da adição de pó de vidro no comportamento à fadiga alternada de Resina de poliéster insaturada"**, Raf. J. Sci., Vol. 24, No.6 pp. 96-115, Universidade de Mossul -Iraque, 2013.

35. Mahdi Noaman Muslim Shareef, **"Effect of Shot Peening on Fatigu Life and Mechanical Properties of Composite Materials"**, Tese de Mestrado, Universidade de Tecnologia do Iraque, 2014.

36. Autar K. Kaw, **"Mechanics of Composite Material"**, Prefácio à Segunda Edição, International Standard Book Number-10: 0-8493-1343-0 (Hardcover), Impresso nos Estados Unidos da América, 2006.

37. Juan Alfredo Erni, **"The Development Of Unidirectional And Multidirectional Composite Models Using A Modified Weibull Failure Distribution; Theory, Analysis And Applications"**, M.Sc. Thesis, Arizona State University, 2007.

38. Joshua Rast, **"Characterizing the Fatigue Damage in Non-Traditional Laminates of Carbon Fiber Composites Using Radiography"**, Tese de Mestrado, Georgia Institute of Technology, 2009.

39. Departamento de Defesa, **"Composite Materials Handbook"**, Volume 3 de 5, Estados Unidos da América, 2002.

40. David Richardson, "**Composite Design Fundamentals**", Faculdade de Engenharia e Tecnologia, Universidade do Oeste de Inglaterra, 2011.

41. Daniel B. Miracle e Steven L. Donaldson, **"Introduction to Composites"**, Laboratório de Investigação da Força Aérea, ASM Handbook Volume 21, Composites, 2001.

42. Salar Bagherpour, **"Fibre Reinforced Polyester Composites" (Compósitos de poliéster reforçados com fibras)**, Universidade Islâmica Azad, Departamento de Ciência e Engenharia dos Materiais, Sucursal de Najafabad, Irão, 2012.

43. ME ChemE/MBA Jaeun Chung, **"Nano scale Characterization of Epoxy Interphase on Copper Microstructures"**, Berlim 2006.

44. Nachiketa Tiwari, **"Introduction to Composite Materials and Structures"**, Indian Institute of Technology Kanpur, Copyright© Traditional, 2014.

45. P.K. Mallick, **"Fiber Reinforced Composite"**, terceira edição Materials, Manufacturing, Department of Mechanical Engineering University of Michigan-Dearborn, copyright © by Taylor & Francis Group, LLC.2007.

46. K.Rajasekar, **"Experimental Testing of Natural Composite Material"** IOSR Journal of Mechanical and Civil Engineering (IOSR-JMCE) PP: 2278-2290, ISSN: 2320-334X, Volume 11, Issue 2 Ver. III 2014.

47. P.C.Pandey, **"Composite Materials"**, Departamento de Engenharia Civil, IISc Bangalore, 2004.

48. Sandjay K. Mazumda, **"Composites Manufacturing: Materials, Product, and Process Engineering**", copyright © by CRC Press LLC, Estados Unidos da América, 2002.

49. Scott McNaught, **"Implementation of the Strain Invariant Failure Theory for Failure of Composite Materials"**, Licenciatura em Engenharia (Mecânica), Universidade de New South Wales, 2009.

50. Géraldine Theiler, **"PTFE- and PEEK-Matrix Composites for Tribological Applications at Cryogenic Temperatures and in Hydrogen"**, Tag der wissenschaftlichen Aussprache: 6. maio de 2005.

51. Parina Patel, T. Richard Hull, **"Mechanism of Thermal Decomposition of Poly (Ether Ether Ketone) (PEEK) From a Review of Decomposition Studies"**, publicado em Polymer Degradation and Stability **95,** 709-718, University of Central Lancashire, UK, 2010.

52. Daniel Gay, Suong V. Hoa, Stephen W. Tsai, **"Composite Material(Design and Application)"**, copyright © by CRC Press LLC, United States of America ,2002.

53. Dr. Bhima Vijayendran**, "Bio based Chemicals: Technology, Economics and Markets"**, Líder de Investigação Sénior / Diretor de Investigação, Battelle- Asia**,** 2011.

54. Scott Bader, **"Composites Handbook"**, Copyright© Scott Bader Company Limited, dezembro de 2005.

55. Anvari, **"Fatigue Life Prediction of Unidirectional Carbon Fiber/Epoxy Composite in Earth Orbit"**, Departamento de Engenharia Mecânica e Aeroespacial, Secção de Ciência e Investigação, Islamic, 2014.

56. Paul J. Walsh, Zoltek Corporation, **"Carbon Fibers"**, este artigo foi retirado do ASM Handbook, Volume 21, Copyright© ASM International®, 2001.

57. Jamal Y. Sheikh-Ahmad, **"Machining of Polymer Composites"**, Copyright© Springer Science Business Media, LLC Abu Dhabi, 2009.

58. A Agarwal, S Garg, PK Rakesh, I Singh & BK Mishra, **"Tensile Behavior of Glass Fiber Reinforced Plastic Subjected to Different Environmental Condition"**, Journal of Engineering & Material Sciences, Vol. 17 .pp. 471-476, Indian ,2010 .

59. M. Rashid Khan, **"Carbon Fibers: Opportunities and Challenges",** Universidade Rei Abdullah de Ciência e Tecnologia da Arábia Saudita, 2008

60. Roger Brown, **"Handbook of Polymer Testing"**, copyright ©Rapra Technology Limited, Reino Unido, 2002.

61. Satish V. Kailas, **"Material Science"**, Departamento de Engenharia Mecânica, Instituto Indiano de Ciência, Bangalore - 560012 Índia. 2005.

62. Katarina Uusitalo, **"Designing in Carbon Fiber Composites"**, Universidade de Tecnologia de Chalmers, Gotemburgo, 2013.

63. Dr. Anastasios P. Vassilopoulos, Prof. Thomas Keller, **"Fatigue of Fiber-Reinforced Composites"**, copyright © Springer-Verlag London Limited 2011.

64. G. C. Sih, **"Mechanics of Fracture Initiation and Propagation'^** Engineering Applications of Fracture Mechanics, Volume 11, PP 1-22, ISBN: 978-94-0105660-1, copyright © Springer, 1991.

65. W.T. Becker, **"Fracture Appearance and Mechanisms of Deformation and Fracture"**, Universidade do Tennessee, Emérito; S. Lampman, ASM International, 2002.

66. I. Lemay, **"Principle of Mechanical Metallurgy"**, Edward Arnold Publisher, Londres, 1983.

67. T. R. Gurney, "Fatigue of Welded Structures", segunda edição, 1979.

68. Zdenek P. Bazant, **"Fracture Mechanics of Concrete Structures"**, Northwestern University, Colorado, EUA, 1-5 de junho de 1992.

69. Tuomas Rantalainen, **"Simulation of Structural Stress History Based on Dynamic Analysis"**, Tese de doutoramento, Universidade de Tecnologia de Lappeenranta, 2012.

70. Rui Miranda Guedes, **"Creep and Fatigue in Polymer Matrix Composites"**, Cambridge, 2011.

71. Johnson Lim Soon Chong, Adnan Husain e Tee Boon Tuan, **"Simulation of Airflow**

in Lecture Rooms", Actas da Conferência Internacional da AEESAP, 7-8 de junho de 2005.

72. M. Miraftab, "**Fatigue Failure of Textile Fibres"**, 2009.

73. Dieter ,G.E., **"Mechanical metallurgy"**, Sl metric edition ,McGraw-Hill, ISBN 0-07-100406-8,1988

74. N. Takeda, D.Y. Song e K. Nakata**, "Advanced Composite Materials"**, 1996.

75. Anna O. Shepard, **"Ceramics for the Archaeologist"**, Carnegie Institution of Washington, 1964.

76. Mark Caddy, **"Modified Liquid Polysulfide Polymers; their Preparation, Characterization, Photo curing and Potential Photo applications"**, Tese de Doutoramento, Universidade de Warwick, agosto de 2001.

77. Instituto de Física. Physik Von Makromolekülen, **"Differential Scanning Calorimetry Investigation of Polymers",** Mathematisch-Naturwissenschaftliche Fakultat, 2010.

78. Uday S. Dixit, **"Finite Element Method: An Introduction"**, Departamento de Engenharia Mecânica, Instituto Indiano de Tecnologia Guwahati-781 039, Índia, 2003.

79. Evgeny Barkanov**, "Introduction to the Finite Element Method"**, Universidade Técnica de Riga, Riga, 2001.

80. SAS IP, **"Structure Analysis Guide",** EUA, 2009.

81. Rao Yarrapragada K.S.S1, R.Krishna Mohan, e Vijay Kiran, **"Composite Pressure Vessels"**, e IJRET: International Journal of Research in Engineering and Technology ISSN: 2319-1163.2002.

82. Richard M. Christensen, **"Exploration of Ductile, Brittle Failure Characteristics through a Two Parameter Yield/Failure Criterion"**, Laboratório Nacional Lawrence Livermore e Universidade de Stanford, 2006.

83. James P. Schaffer, **"The Science and Design of Engineering Materials"**, 2 Edição, 1995.

84. A. Amine Benzerga1 e Jean-Baptiste Leblond**, "Ductile Fracture by Void Growth**

to Coalescence", Departamento de Engenharia Aeroespacial, Universidade do Texas, 21, 2010.

85. Ansel C. Ugural & Saul K. Fenster, **"Advanced Strength and Applied Elasticity"**, quarta edição, 2007.

86. Raymond Browell, **"Calculating and Displaying Fatigue Results"**, Al Hancq, Engenheiro de Desenvolvimento ANSYS, Inc, 2006.

87. Sarmed Abd Al-Resool Salh Al-Tayee, **"A Study on Mechanical Properties and Fatigue Behavior in Dual Phase Martinsitic Steel"**, Tese de Mestrado, Universidade de Tecnologia, Iraque, **2007**.

88. **"Techtron® PEEK, Ficha de dados do produto"**, China Company, 2013.

89. Zainab A. A. AL-Saadi, **"Study the Rheological, Mechanical and Thermal Behavior of PP-Runner Waste Blends towards Using for Medical Syringes Production"**, Dissertação de Mestrado, Departamento de Engenharia de Materiais Não Metálicos/polímero, Universidade da Babilónia, Iraque, 2014.

90. Mizolo Ginette Kasiama, **"Polímeros de Engenharia baseados em 1, 1-Difeniletilenederivados: Polymer Substrates as Precursors for Membrane Development"**, Universidade da África do Sul, 2012.

91. B. Stuart, **"Infrared Spectroscopy: Fundamentals and Application"**, direito de cópia de John Wiley & Sons, Ltd 2004.

92. Luke Harris, **"A Study of the Crystallisation Kinetics in PEEK and PEEK Composites"**, uma tese apresentada à Universidade de Birmingham para a obtenção do grau de Mestre em Investigação, 2011.

93. Ronald Hillock, **"Utilidade dos implantes de fibra de carbono na cirurgia ortopédica: Literature Review"**, Volume 4, Número 1, março de 2014.

94. Adwaa M. A. **"Characterization of Fatigue Behavior of PEEK Matrix Composites"**, M.Sc. Tese, Babylon University, Iraque, 2015.

95. Gibran da Cunha Vasconcelos e etal. **"Avaliação da Cinética de Cristalização de Poli (Éter-Cetona-Cetona) e Poli (Éter-Eter-Cetona) por DSC"**, Aerosp.Technol.

Manag., São José dos Campos, Vol.2, No.2, pp. 155-162, maio-ago., 2010.

96. Michael Toft, **"The Effect of Crystalline Morphology on the Glass Transition and Enthalpic Relaxation in Poly (Ether-Ether-Ketone)",** Tese de Mestrado, Universidade de Birmingham, Reino Unido, 2011.

97. Michael E. Yurchenko a, Jijun Huang b, Agathe Robisson c, Gareth H. McKinley b, Paula T. Hammonda, **"Síntese, propriedades mecânicas e resistência química/solvente de poli(aril-ethereetherreketones) reticuladas a altas temperaturas"**, Polymer 51, 2010.

98. Arici, A. Armagan, **"Effects of Crystallization on Mechanical Properties of Carbon Fibre Reinforced Poly (Ether Ether Ketone) Composites"**, Centro de Investigação de Materiais Plásticos, Universidade de Kocaeli, Kocaeli / Turquia.

99. Blair Edward Russell, "**Material Characterization and Life Prediction of a Carbon Fiber/Thermoplastic Matrix Composite for Use in Non-Bonded Flexible Risers"**, Tese de Mestrado da Faculdade do Instituto Politécnico e Universidade Estatal da Virgínia, 2000.

Printed by Books on Demand GmbH, Norderstedt / Germany